Wissenschaftliche Reihe Fahrzeugtechnik Universität Stuttgart

Herausgegeben von
M. Bargende, Stuttgart, Deutschland
H.-C. Reuss, Stuttgart, Deutschland
J. Wiedemann, Stuttgart, Deutschland

Das Institut für Verbrennungsmotoren und Kraftfahrwesen (IVK) an der Universität Stuttgart erforscht, entwickelt, appliziert und erprobt, in enger Zusammenarbeit mit der Industrie, Elemente bzw. Technologien aus dem Bereich moderner Fahrzeugkonzepte. Das Institut gliedert sich in die drei Bereiche Kraftfahrwesen, Fahrzeugantriebe und Kraftfahrzeug-Mechatronik. Aufgabe dieser Bereiche ist die Ausarbeitung des Themengebietes im Prüfstandsbetrieb, in Theorie und Simulation. Schwerpunkte des Kraftfahrwesens sind hierbei die Aerodynamik, Akustik (NVH). Fahrdynamik und Fahrermodellierung, Leichtbau, Sicherheit, Kraftübertragung sowie Energie und Thermomanagement – auch in Verbindung mit hybriden und batterieelektrischen Fahrzeugkonzepten.

Der Bereich Fahrzeugantriebe widmet sich den Themen Brennverfahrensentwicklung einschließlich Regelungs- und Steuerungskonzeptionen bei zugleich minimierten Emissionen, komplexe Abgasnachbehandlung, Aufladesysteme und -strategien, Hybridsysteme und Betriebsstrategien sowie mechanisch-akustischen Fragestellungen.

Themen der Kraftfahrzeug-Mechatronik sind die Antriebsstrangregelung/Hybride, Elektromobilität, Bordnetz und Energiemanagement, Funktions- und Softwareentwicklung sowie Test und Diagnose.

Die Erfüllung dieser Aufgaben wird prüfstandsseitig neben vielem anderen unterstützt durch 19 Motorenprüfstände, zwei Rollenprüfstände, einen 1:1-Fahrsimulator, einen Antriebsstrangprüfstand, einen Thermowindkanal sowie einen 1:1-Aeroakustikwindkanal.

Die wissenschaftliche Reihe „Fahrzeugtechnik Universität Stuttgart" präsentiert über die am Institut entstandenen Promotionen die hervorragenden Arbeitsergebnisse der Forschungstätigkeiten am IVK.

Herausgegeben von

Prof. Dr.-Ing. Michael Bargende
Lehrstuhl Fahrzeugantriebe,
Institut für Verbrennungsmotoren und
Kraftfahrwesen, Universität Stuttgart
Stuttgart, Deutschland

Prof. Dr.-Ing. Jochen Wiedemann
Lehrstuhl Kraftfahrwesen,
Institut für Verbrennungsmotoren und
Kraftfahrwesen, Universität Stuttgart
Stuttgart, Deutschland

Prof. Dr.-Ing. Hans-Christian Reuss
Lehrstuhl Kraftfahrzeugmechatronik,
Institut für Verbrennungsmotoren und
Kraftfahrwesen, Universität Stuttgart
Stuttgart, Deutschland

Marc Stephan Krützfeldt

Verfahren zur Analyse und zum Test von Fahrzeugdiagnose- systemen im Feld

Marc Stephan Krützfeldt
Stuttgart, Deutschland

Zugl.: Dissertation Universität Stuttgart, 2014

D93

Wissenschaftliche Reihe Fahrzeugtechnik Universität Stuttgart
ISBN 978-3-658-08862-0   ISBN 978-3-658-08863-7 (eBook)
DOI 10.1007/978-3-658-08863-7

Die Deutsche Nationalbibliothek verzeichnet diese Publikation in der Deutschen Nationalbi-bliografie; detaillierte bibliografische Daten sind im Internet über http://dnb.d-nb.de abrufbar.

Springer Vieweg
© Springer Fachmedien Wiesbaden 2015

Gedruckt auf säurefreiem und chlorfrei gebleichtem Papier

Springer Fachmedien Wiesbaden ist Teil der Fachverlagsgruppe Springer Science+Business Media
(www.springer.com)

Vorwort

Die vorliegende Arbeit ist während meiner Tätigkeit als wissenschaftlicher Mitarbeiter am Forschungsinstitut für Kraftfahrwesen und Fahrzeugmotoren Stuttgart (FKFS) sowie am Institut für Verbrennungsmotoren und Kraftfahrwesen der Universität Stuttgart (IVK) entstanden. Mein besonderer Dank gilt Herrn Prof. Dr.-Ing. H.-C. Reuss. Er hat diese Arbeit ermöglicht, stets durch Rat und Tat gefördert und durch seine Unterstützung und sein Engagement, auch über den fachlichen Teil hinaus, wesentlich zum Gelingen beigetragen.

Für die freundliche Übernahme des Mitberichts, die Förderung der vorliegenden Arbeit und die äußerst sorgfältige Durchsicht gilt mein Dank gleichermaßen Herrn Prof. Dr.-Ing. B. Bäker.

Die Grundlage dieser Arbeit bildet die Zusammenarbeit mit der Dekra Automobil GmbH in Form eines 3½-jährigen Forschungsvorhabens. Stellvertretend für die Abteilung „Entwicklung Prüftechnik - AP4" hebe ich hier in besonderer Weise Herrn Dipl.-Ing. (FH) H.-J. Mäurer sowie Herrn Dipl.-Ing. (BA) S. Dohmke hervor, bei denen ich mich herzlich für die zuverlässige Unterstützung, die kollegiale Aufnahme und die stets spannenden fachlichen Diskussionen bedanke.

Des Weiteren bedanke ich mich bei allen Mitarbeitern der beiden Institute FKFS und IVK, hier insbesondere herzlich bei meinen Kolleginnen und Kollegen der Kraftfahrzeugmechatronik sowie bei meinem Bereichsleiter Dr.-Ing. M. Grimm. In gleichem Maße bedanke ich mich bei den hilfswissenschaftlichen Mitarbeitern für ihre Unterstützung. Darüber hinaus gilt mein Dank auch den zahlreichen Bearbeiterinnen und Bearbeitern der zugehörigen Studien- und Diplomarbeiten.

Letztendlich danke ich von ganzem Herzen meinen Eltern, meiner Großmutter sowie meiner Lebensgefährtin Almut Wieland. Sie haben mich – sowohl vor als auch während der Promotion – stets unterstützt und motiviert. Insbesondere bei der Fertigstellung dieser Arbeit haben sie auch in menschlicher Hinsicht wertvolle Beiträge geleistet. Für die zeitaufwändige und sorgfältige Durchsicht dieser Arbeit bedanke ich mich bei allen Beteiligten.

Marc Stephan Krützfeldt

Inhaltsverzeichnis

Abbildungsverzeichnis

Tabellenverzeichnis

Abkürzungsverzeichnis

A	Analyse
aaSoP	amtlich anerkannter Sachverständiger oder Prüfer
ABS	Antiblockiersystem
AC	Alternating Current
A/D	Analog/Digital
AE	Automotive Electronics
AG	Aktiengesellschaft
API	Application Programming Interface
App	Application
ASA	Automobil-Service Ausrüstungen e.V.
ASAM	Association for Standardisation of Automation and Measuring Systems
ASCII	American Standard Code for Information Interchange
AU	Abgasuntersuchung
AUTOSAR	AUTomotive Open System ARchitecture
AVL	Anstalt für Verbrennungskraftmaschinen List
Best.	Bestätigung
BIN	Binär
Bit	binary digit
BJ	Baujahr
BMVBS	Bundesministerium für Verkehr, Bau und Stadtentwicklung
BMVI	Bundesministerium für Verkehr und digitale Infrastruktur
BMW	Bayerische Motoren Werke
bob	break out box
BT	Bluetooth
CAN	Controller Area Network
CAN FD	Controller Area Network Flexible Datenrate
CAN HS	Controller Area Network High Speed
CAN LS	Controller Area Network Low Speed
CAN SW	Controller Area Network Single Wire
CARB	California Air Resources Board
CAT	Computer Aided Testing
CD	Compact Disc

DC	Direct Current
DEKRA	Deutscher Kraftfahrzeug-Überwachungsverein
DIN	Deutsches Institut für Normung
DLC	Data Length Code (bei Bussystemen/Transportprotokollen)
DLC	Data Link Connector (bei der Fahrzeugschnittstelle)
DoD	United States Department of Defense
DoIP	Diagnostics over Internet Protocol
D-PDU	Diagnostic - Protocol data unit
DTC	Diagnostic Trouble Code
DVD	Digital Versatile Disc
ECE	United Nations Economic Commission for Europe
ECU	Electronic Control Unit
Edit.	Editierbar
EG	Europäische Gemeinschaft
EOBD	European on Board Diagnostic
EPA	Environment Protection Agency
etc.	et cetera
Eth Rx	Ethernet receive
Eth Tx	Ethernet transmit
EU	Europäische Union
EV	Electric Vehicle
EZ	Erstzulassung
FeV	Fahrerlaubnis-Verordnung
ff.	folgende
FGV	Fahrzeuggenehmigungsverordnung
FIN	Fahrzeug-Identifizierungsnummer
FKFS	Forschungsinstitut für Kraftfahrwesen und Fahrzeugmotoren Stuttgart
Fkt.	Funktion
FMEA	Failure Mode and Effects Analysis
frz.	französisch
FSD	Fahrzeugsystemdaten GmbH
FTA	Fault Tree Analysis
Fzg.	Fahrzeug
FzTV	Fahrzeug-Teileverordnung
FZV	Fahrzeug-Zulassungsverordnung

GmbH	Gesellschaft mit beschränkter Haftung
griech.	griechisch
GSM	Global System for Mobile Communications
GTR	Global Technical Regulation
GTÜ	Gesellschaft für Technische Überwachung mbH
GUI	Graphical User Interface
HEX	Hexadezimal
HiL	Hardware in the Loop
HMI	Human Machine Interface
HSN	Herstellerschlüsselnummer
HTML	Hypertext Markup Language
HU	Hauptuntersuchung
HUA	Hauptuntersuchungsadapter
HU 21	Hauptuntersuchung des 21. Jahrhunderts
ID	Identifier
IEEE	Institute of Electrical and Electronics Engineers
Impl.	Implementierte
I/O	Input/Output
IP	Internet Protocol
ISO	International Standard Organization
IT	Informationstechnik
IVK	Institut für Verbrennungsmotoren und Kraftfahrwesen
KBA	Kraftfahrt-Bundesamt
KFZ	Kraftfahrzeug
KG	Kommanditgesellschaft
KGS	Kaltgerätestecker
kHz	Kilohertz
KSPS	Kilo Samples Per Second
KÜS	Kraftfahrzeug-Überwachungsorganisation freiberuflicher Kfz-Sachverständiger e.V.
KWP	Keyword Protocol
LAN	Local Area Network
LSB	Least Significant Bit
mA	Milli Ampere
MAHA	Maschinenbau Haldenwang
Max.	Maximal

MHz	Megahertz
MID	Monitor Identification
MIL	Malfunction Indicator Lamp
Min.	Minimal
MOST	Media Oriented Systems Transport
MSB	Most Significant Bit
MVCI	Modular Vehicle Communication Interface
NCT	National Car Test
NFZ	Nutzfahrzeug
NT	Netzteil
OBD	On Board Diagnostic
ODX	Open Diagnostic Data Exchange
OEM	Original Equipment Manufacturer
OSI	Open Systems Interconnection
OTX	Open Test sequence eXchange
PAP	Programmablaufplan
PC	Personal Computer
PDF	Portable Document Format
PDU	Protocol Data Unit
PGN	Parameter Group Number
PI	Prüfingenieur
PID	Parameter Identification
PKW	Personenkraftwagen
PräDEM	Forschung für eine prädiktive Diagnose von elektrischen Maschinen in Fahrzeugantrieben
PT	Powertrain
PWM	Pulse With Modulation
RDC	Readiness-Code
Ref.	Referenz
s	Sekunde
SAE	Society of Automotive Engineers
SG	Steuergerät
SID	Service Identifier
SIL	Software in the Loop
Sim	Simulation
SP	Sicherheitsprüfung

SPN	Suspect Parameter Number
SRAM	Static Random-Access Memory
Stim.	Stimulation
StVG	Straßenverkehrsgesetz
StVO	Straßenverkehrs-Ordnung
StVZO	Straßenverkehrs-Zulassungs-Ordnung
T	Test
TCP	Transmission Control Protocol
TCP/IP	Transmission Control Protocol/Internet Protocol
TID	Test Identifier
TP	Transport Protocol
TSN	Typschlüsselnummer
TÜV	Technischer Überwachungsverein
u. a.	unter anderem
UDS	Unified Diagnostic Services
ÜO	Überwachungsorgan
UMTS	Universal Mobile Telecommunications System
UN	United Nations
UNECE	United Nations Economic Commission for Europe
US	United States
USA	United States of America
USB	Universal Serial Bus
V	Volt
VB	Visual Basic
VBA	Visual Basic for Applications
VBS	Visual Basic Script
VCI	Vehicle Communication Interface
VFB	Virtual Functional Bus
VIN	Vehicle Identification Number
VOBD	Vehicle On-Board-Diagnostic
VPW	Variable Pulse Width
Wdh.	Wiederholung
WLAN	Wireless Local Area Network
WWH-OBD	World Wide Harmonized On-Board-Diagnostic
XML	Extensible Markup Language
z. B.	zum Beispiel

Kurzfassung

Der diagnostische Zugriff auf Kraftfahrzeuge ist über die Schnittstelle nach ISO 15031 genormt und gewährleistet. Damit ist der Zugang zu Systemen, Steuergeräten und Funktionen mittels eines externen Diagnosewerkzeugs für Hersteller, Werkstätten und Prüforganisationen möglich.

Bei aktuellen Fahrzeugsystemen nehmen die Vernetzung und die Anzahl der verbauten Komponenten weiter zu. Die Komplexität der Systeme steigt somit exponentiell weiter an. Auch ist in diesem Zusammenhang die Auflösung von direkten Hardware- und Funktionszuordnungen als signifikanter Aspekt zu beachten. Die Möglichkeit zur Prüfung im Fehlerfall muss stets gegeben sein. Im Feld muss ein sicherer Betriebszustand über die Lebenszeit gewährleistet sein, sowohl für Personenkraftwagen (PKW) und Nutzfahrzeuge (NFZ) als auch für Krafträder. Dabei kommt der Aspekt gesetzgeberischer Vorgaben hinzu, der zwingend zu beachten ist. Die Basis für den Test und die Prüfung bilden die Analyse und das Verständnis für das Gesamtsystem.

Im Rahmen dieser Arbeit wird einleitend der Stand der Technik zur On-/Off-Board-Diagnose sowie zu diversen Diagnosewerkzeugen vorgestellt. Im Anschluss folgen spezifische, für diese Arbeit relevante Grundlagen. Die entsprechenden Zusammenhänge werden hergestellt. Darüber hinaus werden zukunftsorientierte Systeme und Anforderungen vorgestellt. Die aus den Ergebnissen resultierenden Folgerungen werden aufgezeigt und dargestellt.

Schwerpunkt dieser Arbeit ist das Verfahren zur methodischen Analyse und zum darauf aufbauenden Test für das interagierende System „Fahrzeug und Diagnosewerkzeug". Eine der Kernfragen, wie dieses Gesamtsystem mit zugehörigen Subsystemen hinsichtlich der Funktion und Kommunikation betrachtet werden kann, wird zielorientiert thematisiert. Dabei werden folgende drei Schritte vollzogen: Die methodische Analyse bildet die Grundlage zur transparenten Darstellung des Systems. Darauf baut der systematische und reproduzierbare Test auf. Bei dieser Vorgehensweise stellen die Betrachtungsweise und Zielsetzung des Anwenders das zentrale und bestimmende Element dar.

Ein Beispiel hierfür ist die Aufspaltung des Gesamtsystems im Fehlerfall und die spezifische Betrachtung der Teilkomponenten zur Eingrenzung und Lokalisierung von Fehlverhalten oder Fehlern mittels der erstellten Werkzeuge und Methoden.

Die Methodik dieses Verfahrens bei der Begleitung eines Prüf- und Freigabeprozesses von Diagnosewerkzeugen stellt ein weiteres Beispiel dar. Hierbei werden neben den erstellten Methoden generische, editierbare sowie statistisch abgesicherte, partielle Steuergerätesimulatoren als Werkzeuge angewendet. Als Methodiken werden in diesem Kontext hard- und softwareseitige Anwendungen und Beschreibungen eingeführt, beispielsweise um Signale und deren Inhalte zu lenken und zu dokumentieren.

Entsprechend der spezifischen Fragestellung zum System ist es mit Hilfe dieses Verfahrens beim PKW und NFZ möglich, anforderungsgerecht:

- Hardware- und softwareseitige Fehler im Sinne von Referenzmodellen zu lokalisieren. Dies spezifisch sowie im Verbund.

- Bestehende Abläufe hinsichtlich der Signalpegel, Bussysteme, Protokolle und der darauf aufbauenden Kommunikation methodisch zu analysieren sowie darzustellen.

- Systeme oder Teilelemente zu simulieren und zu stimulieren.

- Conformance-/Referenztests sowie Prüf- und Freigabeprozeduren normkonform und herstellerspezifisch zu begleiten.

- Prüfanwendungen hinsichtlich des Ablaufs und der Kommunikation zu analysieren, bewerten, anzupassen und systematisch zu testen.

Die Absicherung und Anlehnung des Vorgehens und der Methoden, beispielsweise aus der Kommunikationstechnik, wird an den jeweils entsprechenden Stellen aufgezeigt. Statistische Auswertungen als Grundlage für die erstellten Simulatoren fließen mit ein.

Der praktische Nachweis wird exemplarisch anhand von zwei durchgeführten Szenarien erbracht. Es werden die methodische Analyse sowie der systematische Test mit entsprechenden Optionen zur Darstellung und Bewertung bei der Prüfung vorgestellt. Dies erfolgt anhand der zukünftig vorgeschriebenen periodischen Prüfung von Fahrzeugen im Rahmen der Hauptuntersuchung (HU) mittels entsprechendem Prototyp. Darüber hinaus wird der Aufbau und Ablauf eines Prüf- und Freigabeprozesses für Diagnosewerkzeuge am Beispiel der Abgasuntersuchung (AU) nach den Anforderungen der European on Board Diagnostic (EOBD) aufgezeigt.

Die beiden praktischen Elemente basieren auf der ebenfalls im Rahmen der Arbeit entwickelten prototypischen Testumgebung, die auf sämtliche erstellten modularen Werkzeuge und Methoden zurückgreift.

Abstract

Diagnostic access to motor vehicles is standardized and ensured by interfaces designed in confirmity with ISO 15031. This allows manufacturers, repair shops and testing organizations to access systems, electronic control units and functions via external diagnostic tools.

With current automotive systems, the interconnectivity and number of installed components continue to increase. As a result, the complexity of these systems is rising exponentially. The departure from direct hardware and functional assignments is a significant aspect in this regard. The possibilty of performing a test in the event of a failure must be assured at all times. A safe operating state must also be ensured in the field over the service life of the vehicle. This applies to passenger vehicles, commercial vehicles and motorcycles. In addition to the aforementioned considerations, legislative requirements must also be taken into account here. Testing and inspections are based on an analysis and understanding of the overall system.

This thesis begins by outlining the current state of the art of on-board and off-board diagnostics along with various diagnostic tools. This is followed by specific fundamental topics that are relevant for the thesis. Pertinent connections are established. In addition, future systems and requirements are presented. Finally, the conclusions resulting from the findings of the thesis are shown in detail.

The main focus of this thesis is to establish a procedure for the methodical analysis and, building on this, testing for the interacting vehicle and diagnostic tool system. The question of how the overall system and related subsystems can be understood in terms of function and communication represents one of several key issues and is subjected to a systematic discussion. This process of inquiry involves the following three steps: First, methodical analysis is used to provide a transparent illustration of the system. This in turn serves as the basis for developing a systematic and repeatable test. Finally, user perspectives and goals form the central and determining element of this approach.

One example of this process is the splitting-up of the overall system in the event of a failure and the specific examination of the subcomponents to localize and isolate malfunctions or errors using the tools and methods established.

Another example is the use of systems engineering to develop the procedure in support of a testing and approval process for diagnostic tools. Here, aside from the methods established, generic, editable and statistically validated partial electronic control unit simulators are used as tools. In this context, applications and descriptions for hardware and software are presented as systems engineering aspects, in order to manipulate and document signals and their content, for example.

In view of the specific question concerning the system, this procedure makes it possible to achieve the following for passenger and commercial vehicles while satisfying requirements:

- Localizing errors in the hardware and software as defined in reference models, and doing so both specifically and in the network.

- Methodically analyzing and illustrating existing processes with regard to signal levels, bus systems, protocols, and the communication based on these elements.

- Simulating and stimulating systems or subcomponents.

- Supporting conformance tests and reference tests as well as testing and approval procedures in compliance with standards and in a manufacturer-specific manner.

- Analyzing, evaluating, adapting and systematically testing test applications in terms of their processes and communication.

The validation and dependencies of this procedure and the methods based on, for example, communication technology, are indicated at relevant points throughout the thesis. Statistical evaluations are included to provide a basis for the simulators developed herein.

Practical evidence is provided by way of example on the basis of two scenarios. In the course of the examination, the methodical analysis and systematic test are presented with corresponding options for depiction and evaluation. This occurs using the soon-to-be mandatory periodic vehicle testing during the general inspection (HU) with the aid of a corresponding prototype. In addition, the structure and sequence of a testing and approval process for diagnostic tools are shown using the example of the exhaust emissions test (AU) in accordance with the requirements of the European On-Board Diagnostics (EOBD).

Both practice-related parts are based on the prototypical test environment that is also developed in the thesis. This test environment comprises all of the modular tools and methods established herein.

1 Einleitung

> „Zusammen kommen ist ein Beginn.
> Zusammen bleiben ist ein Fortschritt.
> Zusammen arbeiten ist ein Erfolg."
>
> *Henry Ford*

Die Prüfung aktueller Fahrzeugsysteme im Feld gewinnt zunehmend an Bedeutung. Im Rahmen der Hauptuntersuchung (HU) mit integrierter Abgasuntersuchung (AU) werden diagnostisch relevante Daten mittels der vom Gesetzgeber vorgegebenen Schnittstelle im Fahrzeug rein elektronisch ausgelesen. Der Stellenwert des korrekten, reproduzierbaren und verlässlichen Prüfergebnisses ist sehr hoch. Ein weiteres unabdingbares Prüfungskriterium stellt die Prüfzeit dar. In direktem Zusammenhang damit stehen auch die Prüfkosten. Die einwandfreie Funktion, insbesondere der sicherheitsrelevanten Systeme, muss über die gesamte Lebenszeit (Product Lifecycle) eines Fahrzeugs sichergestellt und überprüfbar sein.

Die zunehmende Komplexität stellt unter anderem aufgrund der damit einhergehenden Vernetzung und Verteilung von Funktionen sowohl die Automobilindustrie als auch die Zulieferer vor neue Herausforderungen (vergleiche stellvertretend [1]).

Ein weiterer Aspekt ist das Grey-Box[1]-System [2] Fahrzeug und Diagnose-/Prüfwerkzeug. Im Fehlerfall bedarf es der klaren Eingrenzung und Zuordnung des Fehlers beziehungsweise der fehlerhaften Komponente. Auch der Zusammenhang zwischen Ursache und Wirkung fließt hierbei mit ein. Bei der Verbindung zwischen Diagnosesystem und Fahrzeug lässt sich, in Anlehnung an Beschreibungsmodelle aus dem Bereich der Kommunikationstechnik, eine Beschreibung von „hardwarenahen Fehlern" bis hin zu einer fehlerhaften Implementierung erstellen. Beispielsweise ist der Aufbau der Kommunikation mittels der zur Verfügung stehenden Bussysteme nicht möglich oder aber der Inhalt der Kommunikation ist fehlerhaft. Zur Beschreibung und für den darauf aufbauenden Test ist eine jeweilige Strukturierung und Unterteilung in Fehlergruppen zwingend notwendig.

---

[1] Grey-Box: Abgeleitet aus der Familie der Softwaretests. Neben dem Grey-Box-Test gibt es weiterhin den White- und Black-Box-Test. Die drei Methoden unterscheiden sich hinsichtlich des Informationsstands über die Komponente oder das zu testende System. [2]

1.1 Motivation

Die Prüfung von Fahrzeugsystemen hat eine lange Historie. Bereits im Jahr 1930 war die technische Überprüfung von Kraftfahrzeugen in der damaligen Reichs-Straßen-Zulassungs-Ordnung vorgesehen. Da es sich jedoch lediglich um sogenannte Einladungen zur Überprüfung des Kraftfahrzeugs handelte, kamen viele Fahrzeugbesitzer dieser Aufforderung nicht nach. Die Pflicht, Fahrzeuge periodisch und somit regelmäßig vorzustellen, wurde 1961 eingeführt. Die damalige Prüfung umfasste im Wesentlichen mechanische Komponenten [3]. Elektronische Prüfsysteme wurden für Komponenten wie die Zündanlage von der Robert Bosch GmbH [4] für den Werkstatteinsatz vorgestellt. Dies war der Beginn, Systeme im Fahrzeug mittels externer Elektronik zu prüfen. In dieser Zeit haben Prüforganisationen wie zum Beispiel die DEKRA Automobil GmbH oder der Technische Überwachungsverein (TÜV) die eingesetzten Prüfmittel deutlich verbessert und erweitert. Es gibt heute in Deutschland eine Reihe an weiteren Organisationen (z. B. GTÜ, KÜS), die diese hoheitliche Aufgabe der Fahrzeugprüfung durchführen.

Die Anfänge der Fahrzeugprüfung beschränkten sich auf die optische und mechanische Prüfung. Inzwischen stehen den Prüfingenieuren Datenbanken und Fahrzeugsystemdaten zur Verfügung. Die Abgasuntersuchung, die seit 2006[2] in die Hauptuntersuchung integriert wurde, greift seit einigen Jahren auf Daten der Fahrzeugdiagnose zurück. Somit werden beispielsweise Informationen wie die Drehzahl digital ausgelesen, sofern dies vom Fahrzeug unterstützt wird. Seit 2006 findet die Abgasuntersuchung unter Voraussetzungen, die in Kapitel 2.3 erläutert werden, digital statt. [3] Hierfür bieten diverse Hersteller Werkzeuge an. Für den Einsatz bei den Prüforganisationen bedarf es der Freigabe dieser Werkzeuge. Der Prozess hierzu wird in Kapitel 5 vorgestellt. Im Jahr 2012 wurden in Deutschland 3,08 Millionen PKWs zugelassen [5]. Allein bei der DEKRA Automobil GmbH werden jährlich circa 2,5 Millionen Fahrzeuge im Rahmen der HU mit Abgasmessung geprüft. Weltweit sind es circa 23 Millionen Fahrzeuge [6]. Die einwandfreie und zuverlässige Funktion der Abnahme- und Prüfwerkzeuge stellt somit ein wesentliches Kriterium bei der Gesamtprüfung dar.

Wie beschrieben, ergibt sich bei aktuellen Fahrzeugsystemen und deren Komplexität eine Reihe von Einflussfaktoren für Fehler. Etwa 80 Prozent der Innovationen bei einem neuen Fahrzeugtyp sind heute softwarebasierte Funktionen [7]. Diese Arbeit zeigt Fehlerquellen auf, unter anderem für EOBD Kommunikationsprobleme. Dies können zum Beispiel Leitungsunterbrechungen durch Verdrahtungsfehler, mangelnde Kontaktierungen, Massefehler, fahrzeug- und/oder testerseitig fehlerhafte Protokollimplementierungen oder auch Probleme beim

---

[2] Änderung und Erweiterung der Anlage VIII der StVZO und somit auch der geltenden Vorschriften für amtlich anerkannte Überwachungsorganisationen. [3]

Timing sein. Ferner kommen Bedienfehler des Anwenders hinzu, wie zum Beispiel falsche Kabel oder schlecht gesteckte Stecker.

Ein weiterer Punkt, der ausgeschlossen werden muss, ist das Risiko eines Defekts an der Fahrzeugelektronik aufgrund eines fehlerhaften Diagnosewerkzeugs. Der schematische Aufbau von Fahrzeug, Diagnosewerkzeug und Anwender ist in Bild 1.1 dargestellt.

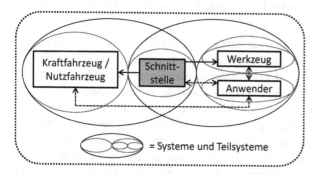

Bild 1.1: Darstellung Gesamtsystem Fahrzeug/Diagnosewerkzeug, nach [8]

Die Darstellung zeigt, dass es neben den physikalischen Schnittstellen zwischen dem Fahrzeug und dem Diagnosewerkzeug eine Reihe von weiteren Schnittstellen gibt. Für jegliche Betrachtung bietet es sich unabhängig von der Fragestellung an, Teilsysteme freizuschneiden. Diese Form der Betrachtung und Gliederung ermöglicht im Fehlerfall beispielsweise die Eingrenzung und den Test von Teilsystemen oder Teilfunktionen unter reproduzierbaren Bedingungen.

1.2 Arbeitsgebiet mit Abgrenzung

Die Aufgabenstellung und Zielsetzung dieser Arbeit lässt sich anhand folgender Frage zusammenfassen:

Wie kann das Gesamtsystem „Fahrzeug und externes Werkzeug" hinsichtlich der Funktion und Kommunikation methodisch analysiert, transparent dargestellt und systematisch getestet werden?

Bei der Anwendung von aktuellen Diagnosewerkzeugen wird die Kommunikation meist mittels eines Bussystems aufgebaut. Sofern das Diagnosewerkzeug über keine eigene Energiequelle verfügt, kann auf zwei Pins der genormten Schnittstelle zurückgegriffen werden. Ob und wie eine Kommunikation stattfindet, ist für den Anwender nicht ersichtlich.

Es gibt somit – analog zu den im vorherigen Kapitel dargestellten Schnittstellen – Ansatzpunkte zur transparenten Darstellung oder auch Fehlersuche. Ist bei der periodisch durchzuführenden Hauptuntersuchung neuerer Fahrzeuge kein Verbindungsaufbau möglich, wird auf die konventionelle Messung der Abgase zurückgegriffen. Dies ist von Seiten des Gesetzgebers nicht gewünscht, jedoch in der Praxis nicht anders darstellbar. Im Fehlerfall wird der OEM – zumindest in erster Instanz – argumentieren, dass der Fehler beim Anwender oder Werkzeug lag. Der Anwender wird jedoch vermutlich ein Fehlverhalten von sich weisen. Auch der Hersteller des Diagnosesystems wird bestreiten, dass ein hard- oder softwareseitiger Fehler vorliegt. Aktuell kann in diesem Szenario keine grundlegende Fehlereingrenzung oder Fehlerzuordnung vorgenommen werden. Die zur Durchführung der HU eingesetzten und unter anderem in Kapitel 2.5 beschriebenen Werkzeuge verschiedener Anbieter sind vor dem Einsatz freizugeben. Hierfür ist ein definierter und systematischer Prozess weder vorgeschrieben noch vorhanden. Eine Freigabeprüfung ist aktuell somit nicht transparent und reproduzierbar. Hierzu in den folgenden Kapiteln mehr.

Als weiteres Beispiel zur Veranschaulichung der aktuellen Sachlage kann der sogenannte Hauptuntersuchungsadapter HUA [9] der Fahrzeugsystemdaten GmbH herangezogen werden. Im Rahmen der zukünftigen Fahrzeuguntersuchung werden neben den abgasrelevanten OBD-Funktionalitäten fahrzeugspezifische Daten verschiedener Systeme und Komponenten ausgelesen. Der Prozess wird in Kapitel 2.5.4 vorgestellt. Anzumerken ist, dass bei dieser Form der Prüfung keine genormten Inhalte nach einschlägigen Standards abgeprüft werden, sondern vielmehr hersteller- und teils auch modellspezifische Datensätze betrachtet werden. Aktuell sind die Prüftiefe und auch der Prüfablauf somit nicht offen gelegt. Die Bewertung hinsichtlich der Prüftiefe und Qualität der Prüfung fällt folglich schwer. Insbesondere für die Bewertung bedarf es eines grundlegenden Systemverständnisses. Darauf aufbauend kann beispielsweise mittels einer Fehlermöglichkeits- und Einfluss-Analyse (FMEA) oder mittels Bewertungsmatrizen ein bestehender Prozess beschrieben und objektiv bewertet werden.

Das Themenfeld birgt eine gewisse Brisanz vor dem Hintergrund, dass in naher Zukunft ohne einen erfolgreich geprüften digitalen Prüfanteil keine Plakette erteilt werden soll. Parallel hierzu nimmt der Marktanteil an sogenannten OBD-Plug&Play-Adaptern zu. Diese simulieren rudimentär Lambda-Sonden-Signale oder beispielsweise auch Prüfumfänge bei der Abgasuntersuchung (AU) mittels OBD. Derartige Systemeingriffe gilt es zu prüfen, zu erkennen und zu verhindern. Die zuvor aufgeführten Anwendungsbeispiele zeigen exemplarisch das abzudeckende Themenfeld mit zugehörigem Umfang auf. Es bedarf der Möglichkeit, vom Werkzeug über die physikalischen Schnittstellen bis hin zum Fahrzeug und dessen Systeme Einblick zu erhalten und gegebenenfalls Einfluss zu nehmen. Es gibt aktuell kein Verfahren und keine hard- und softwareseitige Testumgebung, die mit gleichem oder ähnlichem Funktionsumfang herangezogen werden kann. Für spezifische Fragestellungen kann teilweise auf Entwicklerwerkzeuge zurückgegriffen werden.

Simulationsumgebungen, wie beispielsweise von der samtec automotive software & electronics GmbH oder der Vector Informatik GmbH, decken die Simulation von SG Funktionalitäten und Verbundsimulatoren (bezogen auf den OBD-Umfang) teilweise ab. Umfänge, wie die Simulation mehrerer OBD-Steuergerätefunktionalitäten, Prüfumfänge für Lambdasondenfunktionalitäten, die Editierbarkeit oder Sonderfunktionen für Prüf- und Testanwendungen, werden in Kapitel 5.2.2 spezifisch vorgestellt.

Kapitel 3 beschreibt die notwendigen Abgrenzungen und Einschränkungen mit Fokussierung auf das vorgestellte Verfahren. Bei der Analyse eines Bussystems mittels Oszilloskop können mit hoher Auflösung detaillierte Analysen durchgeführt werden. Hierzu gib es neben diversen Werkzeugen – vom einfachen Voltmeter bis hin zum komplexen Mehrkanal-Oszilloskop – bereits eine Reihe von Veröffentlichungen und Betrachtungen. Das Ziel dieses Verfahrens ist nicht, derart bestehende Elemente nochmals zu analysieren oder zu optimieren. Vielmehr werden erprobte Elemente integriert und anwendungsspezifisch angepasst. Diese Arbeit ermöglicht neben dem Systemzugang die ganzheitliche Strategie auf der Basis der Analyse und den darauf aufbauenden Test. Insbesondere beim Test liegt der Fokus auf der Variation zwischen dem Verbund Fahrzeug und Werkzeug.

2 Stand der Technik

„Die Forschung ist immer auf dem Wege, nie am Ziel."

Adolf Pichler

Dieses Kapitel behandelt den aktuellen Stand der Technik. Grundlagen der Diagnose werden erläutert. Die Vorgaben des Gesetzgebers sowie von Prüforganisationen und Gremien, umgesetzt in Normen und Leitfäden, fließen bei der Entwicklung und dem Betrieb von Personen- und Nutzfahrzeugen mit ein. Die Umsetzung dieser Vorgaben und der darauf folgenden Rahmenbedingungen werden vorgestellt. Weiterhin wird neben dem Aufbau und der Funktion von Prüf- und Diagnosesystemen ein Überblick über aktuell auf dem Markt verfügbare Werkzeuge gegeben. Der Fokus der Arbeit liegt auf der Schnittstelle, die den Zugang zum Fahrzeug und dessen System ermöglicht. Die damit in Verbindung stehenden Systeme sind jedoch ebenfalls relevant und zu berücksichtigen. Aufbauend auf die Verbindung mit dem Diagnose-/OBD-/Prüfwerkzeug werden darüber hinaus sowohl fahrzeug- als auch testerseitig die Technologie der Systeme und der Bezug zur Praxis aufgezeigt.

2.1 Diagnose im Kraftfahrzeug

Der Begriff der Diagnose findet sich in nahezu allen wissenschaftlichen Disziplinen wieder. Eine allgemeine Definition lautet beispielsweise:

> „Diagnose [frz., von griech. diagnosis >unterscheidende Beurteilung<, >Erkenntnis<] allg.: das Feststellen, Prüfen und Klassifizieren von Merkmalen mit dem Ziel der Einordnung zur Gewinnung eines Gesamtbildes." [10]

Bezogen auf das Kraftfahrzeug kann die Diagnose somit als ein System angesehen werden, das einen Sachverhalt oder einen Fehler anhand beobachtender Systeme zu identifizieren vermag. Dies waren früher ausschließlich Sensoren. Bei aktuellen, modernen Diagnosesystemen sind dies heute auch intelligente Routinen, Prozesse und Modelle, die auf den physikalischen Werten der Sensorik aufbauen. Somit besteht die Möglichkeit, neben den Auswirkungen (auf der Basis der Fehlererkennung) auch auf die Ursache des Fehlerfalles (Fehleridentifikation und Fehlerisolierung) zu schließen.

Mit der Komplexität der Systeme im Fahrzeug, der Vernetzung der mechatronischen Systeme und der höheren Rechnerleistung der Steuergeräte steigt der Bedarf und der Umfang der Diagnose stetig weiter an. Die Diagnose hat wesentlich von der mechatronischen[3] Entwicklung profitiert. Nach Herrn Hans-Georg Frischkorn von der BMW AG sind für 90 Prozent aller Innovationen im KFZ die Elektrik und Elektronik die wesentlichen Treiber. Dies spiegelt sich aktuell beispielsweise bei der rasanten Weiterentwicklung und Einführung von Assistenzsystemen im breiten Feld wider [11]. Insbesondere bei derartigen, hochgradig sicherheitsrelevanten Systemen ist der Stellenwert einer funktionierenden Diagnose unabdingbar. Diese Systeme erfordern hohe Rechnerleistungen. Die Aussagen von Gordon Moore[4] bekräftigen diese Zusammenhänge. Bereits im Jahr 1954 hatte die Robert Bosch GmbH erste Testgeräte im Einsatz. Bild 2.1 zeigt den Motortester Typ EWAF41, der die Prüfung der gängigen kraftfahrzeugelektrischen Produkte, wie zum Beispiel die Zündung, den Generator oder den Starter, ermöglichte.

Bild 2.1: Prüfung kraftfahrzeugelektrischer Produkte im Jahr 1954, aus [4]

Frühere Systeme wurden überwiegend gesteuert, nicht geregelt. Hier findet die elektrische Diagnose Anwendung, beispielsweise durch das Messen eines Widerstands. Im Laufe der Entwicklung hat die Rückkopplung und somit die Regelung der verbauten Systeme stark zugenommen. Hier setzt die Prüfung der Plausibilität an. Beispielsweise sind Schwell- oder

---

[3] Verknüpfung von integrierten Systemen, die mechanische, elektronische und informationstechnische Disziplinen umfassen. [11]

[4] Mitbegründer der Intel Corporation und Urheber des Moore'schen Gesetzes.

Grenzwerte definiert, die überprüfbar sind. Weitere Gebiete der Diagnose sind die Überwachung von Komponenten oder Ausfällen. Hierzu zählen die elektrische Diagnose und die Plausibilitätsüberwachung.

Neben der Ausfallüberwachung laufen durch die aktive Prüfung – das bedeutet durch Beaufschlagen des Systems zum Beispiel bei der Stellglieddiagnose – ebenfalls Diagnoseroutinen ab. Analog zu dieser Entwicklung sind auch die diagnostizierbaren Umfänge gestiegen. In den 1980er Jahren konnten beispielsweise bei ersten Fahrzeugen Informationen mittels Blink-Codes über im Fahrzeug integrierte Anzeigen/Leuchten oder ein Prüfgerät ausgelesen werden. Grundlegend bedarf es der Gliederung in die zwei Themengebiete [12]:

- On-Board-Diagnose
  Hierbei handelt es sich um alle Funktionen und Bestandteile, die im Fahrzeug ablaufen. Ein häufiges Synonym ist daher auch die Fahrzeugeigendiagnose.

- Off-Board-Diagnose
  Die Off-Board-Diagnose umfasst alle Inhalte, Informationen und Werkzeuge, die von extern auf das Fahrzeug zugreifen. Das schließt Werkzeuge, wie beispielsweise Werkstatt-Tester oder Prüfgeräte, ein.

Eine weitere Gliederung ist die Unterscheidung zwischen den gesetzlich geregelten Umfängen der On-Board-Diagnose und der herstellerspezifischen Diagnose. Häufig werden diese beiden Themenbereiche nicht klar abgegrenzt. Wie zuvor beschrieben, findet die OBD im Fahrzeug statt. Bei der gesetzlich vorgegebenen Diagnose stehen primär abgasbeeinflussende Systeme und Komponenten im Fokus. Diese sind von der Überwachung bis hin zum Auslesen der damit in Verbindung stehenden Werte nach Normvorgaben herstellerübergreifend zu implementieren. Herstellerspezifische Diagnosen, wie beispielsweise die des Türsteuergerätes, der Bedieneinheit von Komfortfunktionen oder aber auch der multimedialen Systeme oder Assistenzsysteme, werden in der Regel nicht nach einheitlichen und offenliegenden Protokollen und Standards ausgeführt. Bei vielen Fahrzeugen wurden herstellerspezifische Überwachungen und Services bereits von der OBD/OBD II in das Fahrzeug integriert. Insbesondere bei aktuellen Fahrzeugen sind Diagnosetiefe und Diagnosemöglichkeiten in Verbindung mit einem Diagnosewerkzeug deutlich ausgeprägter. Diagnosesysteme mit entsprechendem Funktionsumfang werden in Kapitel 2 beschrieben. Die Diagnoseschnittstelle stellt das Bindeglied dar (siehe Kapitel 2.1.1). Die bei aktuellen Systemen überwiegend physikalische Verbindung zwischen Diagnosewerkzeug und Fahrzeug dient zur Übertragung der digitalen Informationen. Die hierfür gängigen Bussysteme und Protokolle werden in Kapitel 2.1.2 vorgestellt. Bei der Entwicklung und im Hinblick auf die Lebenszeit des Fahrzeugs im Feld sind das Auslesen, das Rücksetzen von Serviceintervallanzeigen, die Identifikation, das Plausibilisieren, die geführte Fehlersuche oder das Flashen (Parametrieren, Codieren) gängige Szenarien. [13]

Themen rund um die Diagnose haben beim KFZ vor diesem Hintergrund einen hohen Stellenwert eingenommen. Die Anzahl und der Umfang der Systeme und Steuergeräte im

Fahrzeug, deren Komplexität und die Möglichkeit einer höheren Prüftiefe nehmen stetig weiter zu. Bezogen auf den Fahrzeugpreis in den Jahren 1990 und 2010 ist der Anteil der Kosten für die Elektronik von 16 auf über 40 Prozent angestiegen [14]. Während bei einem Porsche Typ 928 die Anzahl der diagnostizierbaren Steuergeräte bei sechs lag, sind es beim Porsche Cayenne, hergestellt um das Bau-/Modelljahr 2010, bereits 58 Steuergeräte [15]. Bei einer S-Klasse (Typ 221, Baujahr 2005 bis 2013) der Daimler AG sind von circa 100 Millionen Zeilen Quellcode etwa 33 Prozent der Diagnose zugeteilt [15].

2.1.1 Zugang zu Fahrzeugsystemen

Die Gremien der ISO und der SAE haben die Beschreibung der Kommunikationsschnittstelle in der ISO 15031 - Teil 3 beziehungsweise der SAE J 1962 definiert. Hierbei werden der Aufbau, die Einbauposition sowie die Belegung der Pins beschrieben. Bild 2.2 zeigt exemplarisch einen werkzeugseitigen Schnittstellenstecker (z. B. [17]). In der Praxis wird auch die Bezeichnung DLC, die für Data Link Connector steht, verwendet. Die Norm ISO 15031 [16] beschreibt mittels technischer Zeichnungen detailliert, wie die Schnittstelle ausgeführt werden muss. Ein Auszug aus der Norm ist zur Veranschaulichung in Anhang - Visualisierungen (Bild A.5) dargestellt. Bei den dargestellten Steckern nach Typ A handelt es sich um die Ausführung für Personenkraftwagen. Beim Nutzfahrzeug ist der Steg in der Mitte durch eine Aussparung unterbrochen. Dies ist vor dem Hintergrund des Komponentenschutzes derart ausgeführt, da beim PKW die Bordnetzspannung 12 Volt beträgt, beim NFZ 24 Volt.

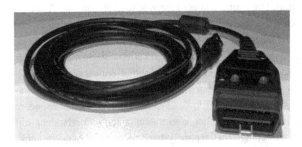

Bild 2.2: Ausführung werkzeugseitige Schnittstelle nach ISO 15031-3

Neben den konstruktiven Vorgaben wird die Position zum Verbau der Schnittstelle im Fahrzeug beschrieben. Hierbei werden drei bevorzugte Positionen auf der Fahrerseite im Bereich unter dem Lenkrad vorgegeben. Weiterhin stehen eingegrenzte Bereiche zur Verfügung, die beispielsweise maximal 300 Millimeter von der Mittelachse des Fahrzeugs in Richtung Beifahrerraum reichen dürfen.

Für die Betrachtung der Übertragung von Informationen ist grundlegend die Belegung relevant. Diese ist nach der in Tabelle 2.1 dargestellten Aufschlüsselung definiert. Bei den meisten Herstellern wird bei aktuellen Fahrzeugtypen der CAN-Bus auf den nach Norm zugewiesenen Pins der Fahrzeugschnittstelle (Pin 6 und Pin 14) zur Verfügung gestellt. Je nach Architektur des Fahrzeugs ist ein Gateway-Steuergerät verbaut, das dem im Fahrzeug relevanten Steuergerät eine Anfrage (Request) weiterleitet. Die nach Norm frei zur Verfügung stehenden Pins werden von den Herstellern spezifisch genutzt. Bei einem Opel Vectra (Baujahr 2005, Typ Z-C/SW, Variante BN11) liegt auf Pin 1 beispielsweise der CAN SW[5] mit fahrzeuginternen Informationen. Die Erklärung dieses Bussystems erfolgt in Kapitel 2.1.2. Es bedarf der spezifischen Analyse eines jeden Fahrzeugtyps, um eine verbindliche Aussage zur tatsächlichen Belegung tätigen zu können.

Tabelle 2.1: Diagnoseschnittstelle im Fahrzeug nach ISO 15031 [16]

Pin	Belegung	Zugehörige Normierung
01	Herstellerspezifisch	-
02	J1850 plus (PWM/VPW)	SAE J1850
03	Herstellerspezifisch	-
04	Masse	-
05	Signal-Masse	-
06	CAN High Speed High	ISO 15765-4
07	K-Line	ISO 9141-2, ISO 14230-4
08	Herstellerspezifisch	-
09	Herstellerspezifisch	-
10	J1850 minus (PWM)	SAE J1850
11	Herstellerspezifisch	-
12	Herstellerspezifisch	-
13	Herstellerspezifisch	-
14	CAN High Speed Low	ISO 15765-4
15	L-Line	ISO 9141-2, ISO 14230-4
16	Versorgungsspannung	-

Aufbauend auf der physikalischen Beschreibung der Schnittstelle in Verbindung mit den zur Verfügung stehenden Bussystemen kann mittels der entsprechenden Protokolle eine Kommunikation zwischen Fahrzeug und externem Test-/Prüfgerät stattfinden. Neben den Herstellern und Werkstätten mit Fachpersonal haben somit auch Tuner oder private Personen

---

[5] CAN SW (SW - Single Wire): Ausführung des CAN mit einem Draht, Übertragungsraten von 33 kbit/s oder 83 kbit/s und einem Signalhub von 5 Volt, definiert in der SAE J2411. [12]

wie Fahrzeughalter die Möglichkeit, auf Dienste und Funktionen des Fahrzeugs zuzugreifen. Die zuvor beschriebene OBD- beziehungsweise CARB-Schnittstelle ist als Zugang bereits seit 1998 bei vielen europäischen Fahrzeugen verbaut [18,19].

2.1.2 Bussysteme und Protokolle

Bussysteme werden vielfältig eingesetzt. Das Ziel hierbei ist, im Kraftfahrzeug den digitalen Signalaustausch zwischen Mikrocontrollern, Mikrorechnern, Sensoren und Aktoren nahezu echtzeitfähig zu ermöglichen [20]. Jedes Bussystem besitzt spezifische Eigenschaften. Die vorliegende wissenschaftliche Abhandlung greift für die Betrachtung der genormten, herstellerübergreifenden Diagnoseinhalte auf die in Tabelle 2.2 dargestellten Bussysteme zurück. Bei herstellerspezifischen Diagnosethemen kommen weitere Bussysteme, wie zum Beispiel der CAN SW, hinzu.

Feldbussyteme, wie der PROFIBUS[6], werden nicht betrachtet. Auch neuere Bussysteme, wie der FlexRay[7], und multimedial orientierte Systeme, wie der MOST[8], werden nicht vorgestellt. Ansätze, die Nutzdatenlänge und die Datenübertragungsrate des CANs zu erhöhen, wie mit dem von der Robert Bosch GmbH vorgestellten Ansatz CAN FD [21], werden ebenfalls nicht betrachtet. Dies vor dem Hintergrund, dass diese in aktuellen Fahrzeugen noch keine Anwendung im Rahmen der Fahrzeug-Diagnoseschnittstelle finden. [21,22] Hier bestehen thematisch keine Schnittstellen, wenn auch die Systematik und Methoden dieser Arbeit zu Teilen übertragen werden können. Der physikalische Aufbau und die Signalübertragung sind genauso wie die Implementierung der Übertragungsprotokolle nicht zentrales Element der Untersuchung. Hierzu gibt es einschlägige Literatur, wie zum Beispiel „Controller-Area-Network - Grundlagen, Protokolle, Bausteine, Anwendungen" von Prof. Dr.-Ing. Konrad Etschberger [23]. Sowohl das Bussystem als auch das Protokoll sind in dieser Arbeit das Mittel zum Zweck. Unabhängig davon werden bei der Analyse oder bei einer Fehlersuche rudimentäre Kenngrößen (z. B. Signal vorhanden, Signal geschwächt) lediglich zur Abschätzung betrachtet.

---

[6] PROFIBUS: Definierter Standard für die Kommunikation in der Automatisierungstechnik.

[7] FlexRay: Serielles, deterministisches und zugleich fehlertolerantes Feldbussystem. Der Fokus liegt auf einer höheren Datenrate, einer höheren Echtzeitfähigkeit (Stichwort Zeitmultiplexverfahren) sowie einer höheren Ausfallsicherheit. [12]

[8] MOST: Media Oriented Systems Transport: Definiert ein Netzwerk zur Übertragung von multimedialen Inhalten und Telematikinhalten mit hoher Datenrate. Die Übertragung erfolgt optisch mittels Lichtwellenleiter, in der Regel in Form einer Ringstruktur. [12]

Die gesetzlichen Diagnoseinhalte lassen sich mittels verschiedener Bussysteme auslesen. Europäische Fahrzeuge mit einer Erstzulassung vor dem Jahr 2000 sind in der Regel mit der sogenannten K-/L-Line[9] ausgestattet, die auf der Norm ISO 9141, Teil 2 (CARB) [24] basiert. In den USA wurde die Schnittstelle nach SAE J1850 [25] mit PWM oder VPW favorisiert. Somit waren zwei Schnittstellen zeitgleich in den USA akzeptiert.

In Verbindung mit den Neuregelungen und dem Streben nach härteren Abgas- und Emissionsgesetzen (CARB[10], EPA[11]) übernahm die EU mit geringfügigen Anpassungen und Modifikationen im nächsten Schritt Inhalte für die europäischen OBD-Standards. Das Protokoll KWP-2000[12] definiert in diesem Zusammenhang die Schnittstelle und Ausbreitung auf höhere Protokollebenen. Diese wurden auf der Basis der Normierung ISO 15765 [26] von K-Line auf CAN übertragen. Das KWP ist das am weitesten verbreitete Protokoll in europäischen Fahrzeugen (siehe auch Kapitel 2.2.1). Nutzfahrzeuge sind durch den internationalen Standard SAE J1939 [27] standardisiert. Die Kommunikation nach SAE J1939 sieht den CAN-Bus als Übertragungsmedium vor. Die in Kapitel 2.6.1 vorgestellte WWH-OBD nach ISO 27145 [28] beschreibt die weltweiten Bestrebungen zur Harmonisierung der Diagnose. [19,12]

Die Integration von mehreren Bussystemen und zugehörigen Protokollen ist für die Fahrzeughersteller teuer und birgt darüber hinaus Fehlerquellen. Fahrzeuge für den US-Markt müssen seit dem Jahr 2010 zur erfolgreichen Zertifizierung über CAN verfügen. Auch vor diesem Hintergrund ist die Kommunikation zwischen Fahrzeug und Diagnosewerkzeug bei aktuellen Fahrzeugen mit Erstzulassung (EZ) nach dem Jahr 2010 überwiegend mittels CAN realisiert. Unabhängig davon verwendet jeder Hersteller eigene Transportprotokolle für die herstellerspezifische Diagnosekommunikation und variiert diese teilweise innerhalb der eigenen Modelle bei der Implementierung des Transportprotokolls. Das folgende Beispiel zeigt dies auf: Identifier werden teils dynamisch ausgehandelt, teils sind sie fest vergeben. Bei einem Touran (Baujahr 2006) der Volkswagen AG fragt das Diagnosewerkzeug mit der ersten Nachricht einen Identifier (ID) zur weiteren Kommunikation an. Darauf antwortet das Fahrzeug mit einem ID-Vorschlag (meist $300). Darauf aufbauend folgen die weiteren protokoll-

---

[9] Die K-Line ist ein bidirektionales Bussystem mit einem Leiter. Durch die Verwendung der L-Line, die zur Reizung dient, kann das Bussystem auch unidirektional betrieben werden. Die zugrundeliegende Normung nach der ISO 9141 beschreibt hauptsächlich die elektr. Eigenschaften, die Art der Bitübertragung und den Aufbau der Kommunikation (Fast- und Slow-Init). [12]

[10] California Air Resources Board: US-Regierungskommission aus Kalifornien zur Luftreinhaltung.

[11] United States Environment Protection Agency: US-Bundesbehörde zum Umweltschutz.

[12] Key-Word-Protokoll 2000, genormt nach ISO 14230. Beschreibt neben dem Physical Layer (Teil 1), dem Data Link Layer (Teil 2) und dem Application Layer (Teil 3) auch Einschränkungen (Teil 4) bei den ersten beiden Layern in Bezug auf die OBD. [115]

spezifischen Rahmen- und Randbedingungen wie der Handshake, Idle[13] und dergleichen mehr. [29]

Bei der genormten Diagnosekommunikation nach ISO 15031 sind die IDs für das Diagnosewerkzeug und für beteiligte Motor- und Getriebesteuergeräte im Fahrzeug festgelegt. Das Werkzeug verwendet nach Vorgaben der ISO 15031 [16] beispielsweise immer die $7DF, das erste Motorsteuergerät immer die $7E8. In Kapitel 4 werden bei der Analyse und in Kapitel 5 beim Test fallspezifisch Eigenschaften und Besonderheiten der jeweiligen Bussysteme im Zusammenhang vorgestellt.

Tabelle 2.2: Zulässige Bussysteme und Protokolle nach ISO 15031 [16]

Bussystem	Protokoll	Übertragungsrate
SAE J1850	VPW	10,4 kbps
	PWM	42,6 kbps
K/(L)-Line	„CARB"	10,4 kbps
	KWP2000	10,4 kbps (fast init)
CAN	ISO-TP (KWPonCAN)	500 kbps
	SAE J1939	250 - 500 kbps

2.1.3 Vernetzung, Systeme und Komponenten

Jeder Fahrzeughersteller entwickelt für seine Modelle und Typen eine individuelle Vernetzungsarchitektur. Diese ist unter anderem abhängig von den verbauten Sensoren, Aktoren und Steuergeräten. Auch die Anbindung der diversen HMIs[14], Begrenzungen durch zur Verfügung stehenden Bauraum und weitere Größen fließen mit ein.

Die Mehrzahl der Fahrzeughersteller verbaut nach der Diagnoseschnittstelle im Fahrzeug ein sogenanntes Gatewaysteuergerät. Da die Off-Board-Diagnose immer auf dem Request-Response-Prinzip aufbaut, routet das Gatewaysteuergerät – neben seinen weiteren Aufgaben wie der Regelung von Zugriffsrechten und Zugangsschutz – die entsprechenden Anfragen im Fahrzeug an das relevante Steuergerät oder System. Hierbei kann die Anfrage und die darauf folgende Information auch über mehrere Bussysteme im Fahrzeug transferiert werden, bevor sie mittels Gatewaysteuergerät an das externe Werkzeug zurückgegeben wird. Bei aktuellen

---

[13] Eine Nachricht bei Bussystemen, die die Verbindung zwischen zwei Partnern aufrecht erhält. In der Informationstechnik auch als der Umstand beschrieben, bei dem ein Prozess untätig ist.

[14] HMI: Human Machine Interface, Schnittstelle zwischen Mensch und Maschine, um Systemgrößen zu visualisieren und Werte eingeben zu können.

Fahrzeugen werden aufgrund der höheren Rechnerleistung der Steuergeräte und des hohen Kostendrucks Funktionen teilweise mehreren Steuergeräten zugeordnet. Dies erhöht die Komplexität des Gesamtsystems, siehe auch [30,31,134]. Bild 2.3 zeigt exemplarisch den Aufbau der Architektur mit zugehöriger Vernetzung eines Oberklassefahrzeugs (BJ um 2005) der BMW AG.

Bei der fahrzeugspezifischen Betrachtung zur Analyse oder Bewertung bestehender Testumfänge ist das Grundverständnis für das Gesamtsystem notwendig. Eine Möglichkeit zur Gliederung und Darstellung in Bezug auf die Prüfumfänge der Hauptuntersuchung auf der Basis der erfolgten Analyse aus Kapitel 4 ist in Kapitel 5.4 dargestellt.

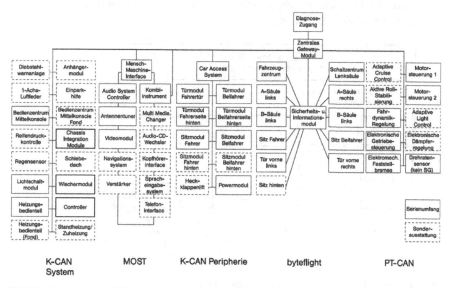

Bild 2.3: Steuergerätearchitektur eines Oberklassefahrzeugs, aus [32]

2.2 Diagnosevorgaben aus Normen und Regelwerken

Bei der Diagnose im Kraftfahrzeug gibt es aufgrund der diversen Bussysteme und Übertragungsprotokolle eine Vielzahl an möglichen Varianten und Ausführungen im Feld. Die Tendenz neuerer Protokolle und Beschreibungsformen im Vergleich zu den diagnostischen Anfängen geht in Richtung Harmonisierung. Während früher beispielsweise in der EU und den USA jeweils verschiedene Bussysteme forciert wurden, wird bei aktuellen Fahrzeugen, wie bereits ausgeführt, überwiegend der CAN HS verbaut. Dies auch aufgrund der geringeren Kosten für Controller und Transceiver in Verbindung mit den daraus folgend höheren Stückzahlen und der weiten Verbreitung. Bei der Normierung sind folgende Gremien maßgebend relevant:

■ ISO - International Organization for Standardization

■ SAE - Society of Automotive Engineers

Ein Auszug relevanter Normen mit Stichworten zum Inhalt ist in Tabelle 2.3 aufgelistet. In den folgenden beiden Kapiteln werden die ISO und die SAE vorgestellt. Die Protokolle bauen teilweise aufeinander auf. Untere Protokollschichten des ISO/OSI-Referenzmodells werden von den Bussystemen (z. B. CAN) abgedeckt. Die Transportprotokolle (u. a. ISO-TP) decken die mittleren Protokollschichten ab. Die obere Protokollschicht wird durch das Diagnoseprotokoll (z. B. ISO 15031, Bild 2.4) abgedeckt.

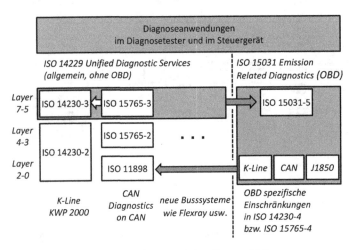

Bild 2.4: Protokollfamilie für Diagnoseschnittstellen aus [12]

Hierbei kommt es zwischen den Schichten, wie dargestellt, teilweise zu Überschneidungen. Das ISO/OSI-Schichtenmodell aus der Kommunikationstechnik, welches zu den sogenannten Referenzmodellen zählt, wird in Kapitel 4.1 vorgestellt.

Tabelle 2.3: Auszug relevanter ISO-Normen für die KFZ-Diagnose [33]

Norm	Transport-/Diagnoseprotokoll - Inhalt
ISO 9141	Straßenfahrzeuge – Diagnosesysteme, Anforderungen für den Austausch digitaler Informationen; bestehend aus 3 Teilen: Anforderungen für den Austausch digitaler Informationen (Teil 1), Teil 2 (1994) definiert das „CARB-Protokoll" (5-Baud-Initialisierung). Der 3. Teil (1998) beschreibt die Verifikation der Kommunikation zwischen Fahrzeug und OBD II Werkzeug.

ISO 13209	Straßenfahrzeuge – Open Test sequence eXchange format (OTX); bestehend aus 3 Teilen: Generelle Informationen und Anwendungsfälle (Teil 1), Kerndatenspezifikation und Anforderungen (Teil 2), Standarderweiterungen und Anforderungen (Teil 3)
ISO 13400	Straßenfahrzeuge – Diagnosekommunikation über das Internetprotokoll (DoIP); bestehend aus 3 Teilen: Generelle Informationen und Definition der Anwendungsfälle (Teil1), Transportprotokoll und Netzwerklayer Definition (Teil 2), Kabelgebundene Fahrzeugschnittstelle nach IEEE 802.3 (Teil 3)
ISO 14229	Straßenfahrzeuge – Unified diagnostic services (UDS); bestehend aus 6 Teilen: Spezifikation und Anforderungen (Teil 1), Session layer services (Teil 2), Implementierung von UDS in den CAN (Teil 3), Implementierung von UDS in FlexRay (Teil 4), Implementierung von UDS in IP (Teil 5), Implementierung von UDS in K-Line (Teil 6)
ISO 14230	Straßenfahrzeuge – Diagnosekommunikation über K-Line („KWP 2000"); bestehend aus 4 Teilen: Physical Layer/Bit-übertragungsschicht (Reizung mit Fast-Init) (Teil 1), Data link layer (Teil 2), Sicherungsschicht (Teil 2) Application Layer/Anwendungsschicht (Teil 3), Anforderungen an abgasemissionsrelevante Systeme (Teil 4)
ISO 15031	Straßenfahrzeuge – Kommunikation zwischen Fahrzeug und externer Ausrüstung für die abgasemissionsrelevante Diagnose; bestehend aus 7 Teilen, siehe Tabelle 2.4
ISO 15765	Straßenfahrzeuge – Diagnosekommunikation über CAN („ISO-TP"); bestehend aus 4 Teilen: Generelle Informationen und Definition der Anwendungsfälle (Teil1), Transportprotokoll und Netzwerklayer Definition, Ausführung von Diagnosediensten, Transportprotokoll ISO-TP (Teil 2), Implementieren vereinheitlichter Diagnose-Dienste (UDSonCAN) (Teil 3), Anforderungen an abgasemissionsrelevante Systeme (Teil 4)
ISO 22900	Straßenfahrzeuge – Modulare Fahrzeugkommunikationsschnittstelle (MVCI); bestehend aus 3 Teilen: Anforderungen Hardwaredesign (Teil 1), Diagnose-Protokoll-Dateneinheit/Applikationsprogrammierinterface (D-PDU API) (Teil 2), Diagnoseserver Applikation Programmierschnittstelle (Teil 3)
ISO 27145	Straßenfahrzeuge – Integration der World Wide Harmonized On-Board-Diagnose (WWH-OBD); bestehend aus 4 Teilen: Generelle Informationen und Definition der Anwendungsfälle (Teil1), Gemeinsames Datenwörterbuch (Teil 2), Gemeinsames Nachrichten Wörterbuch (Teil 3), Verbindung zwischen Fahrzeug und Prüfwerkzeug (Teil 4)

2.2.1 International Organization for Standardization (ISO)

Die International Organization for Standardization, in Kurzform ISO, ist ein internationaler Zusammenschluss von Normungsorganisationen und wurde im Jahr 1947 gegründet. Vertreten sind 164 Länder, die jeweils ein Mitglied stellen. Für das Mitgliedsland Deutschland ist es das Deutsche Institut für Normung e. V. (Member body) mit über 700 Beteiligungen an technischen Arbeiten. [33] Bei der KFZ-Norm ISO 15031 wird die Kommunikation zwischen einem Kraftfahrzeug und dem Werkzeug (externe Ausführung) in sieben Teilen beschrieben, siehe Tabelle 2.4.

Tabelle 2.4: Aufbau der ISO 15031 nach [16]

Norm	Teil	Inhalt
ISO 15031	1	Allgemeine Definitionen, Definition Anwendungsfälle
	2	Abgasrelevante Diagnosedaten
	3	Spezifikation der Diagnoseschnittstelle
	4	Anforderungen an externes Equipment
	5	Diagnosedienste (emissionsrelevant)
	6	Definition Fehlercodes
	7	Sicherheit bei der Übertragung

Wichtig ist die Einschränkung, dass nur die abgasrelevante Diagnose beschrieben wird. Genormt ist die Diagnose von der Hardware bis hin zur Implementierung von Fehlercodes und der Sicherheit bei der Übertragung.

In naher Zukunft wird die WWH-OBD, definiert in der ISO 27145 (auf der Basis der GTR[15] Number 5 der UNECE[16]) in Verbindung mit UDS (ISO 14229) im Feld vertreten sein. Es gibt bereits Nutzfahrzeuge (Daimler AG, Actros), die die WWH-OBD zu Teilen implementiert haben.

---

[15] GTR - Global Technical Regulation: Verordnungen der Vereinten Nationen für internationale technische Standards.

[16] UNECE - United Nations Economic Commission for Europe: Eine der fünf regionalen Kommissionen der Vereinten Nationen.

2.2.2 Society of Automotive Engineers (SAE)

Bei der Society of Automotive Engineers (SAE) handelt es sich um eine zu Beginn des 20. Jahrhunderts (1905) gegründete globale Vereinigung. Die über 128.000 Mitglieder aus unterschiedlichen Branchen setzen auf die Kernkompetenzen des lebenslangen Lernens, die Entwicklung freiwilliger Konsensnormen (Tabelle 2.5) und auf technische Veröffentlichungen. Weiterhin gibt es eine zugehörige Stiftung. Im Bereich der Fahrzeugtechnik sind die Eingruppierung in die Viskositätsklassen bei Motorölen oder die Definition der Fahrzeugidentifizierungsnummer (FIN/VIN) bekannte Begriffe. [34]

Tabelle 2.5: Auszug relevanter SAE-Dokumente - KFZ-Diagnose [12,34]

Norm	Diagnoseprotokoll - Inhalt
SAE J1699	Pendant zur ISO 15031
SAE J1850	Class B Data Communications Network Interface (PWM, VPW)
SAE J1930	Pendant zur ISO 15031, Teil 2
SAE J1939	Serial Control and Communications Heavy Duty Vehicle Network
SAE J1962	Pendant zur ISO 15031, Teil 3
SAE J1978	Pendant zur ISO 15031, Teil 4
SAE J1979	Pendant zur ISO 15031, Teil 5
SAE J2012	Pendant zur ISO 15031, Teil 6
SAE J2186	Pendant zur ISO 15031, Teil 7

Im Rahmen dieser Arbeit besteht indirekt die Schnittstelle zur SAE über die Normvorgaben der SAE J1939. Diese definiert im Bereich der Nutzfahrzeuge die anzuwendenden Diagnoseprotokolle, Schnittstellen und so weiter. Die in Kapitel 2.6.1 vorgestellte World Wide Harmonized-OBD (WWH-OBD) greift bei der Integration teilweise auf diese Elemente und Vorgaben zurück.

2.2.3 Weitere Organisationen

Die Association for Standardization of Automation and Measuring Systems (ASAM) ist ein nach deutschem Recht eingetragener Verein. Die Mitglieder setzen sich aus internationalen Automobilherstellern, Zulieferern und Entwicklungsdienstleistern der Automobilbranche zusammen. Die Koordination der Entwicklung von technischen Standards im Rahmen von Arbeitsgruppen mit Experten der Mitgliedsunternehmen ist eine Hauptaufgabe. ASAM verfolgt das Ziel, Entwicklungswerkzeuge miteinander zu verbinden und deren nahtlosen Datenaustausch miteinander sicherzustellen. Hierfür bedarf es der Definition klarer Prozesse bei der Entwicklung, den Schnittstellen (API[17]), den Standards, den Protokollen und weiteren Faktoren. Bei Einhaltung der Standards kann die Interoperabilität verschiedener Werkzeuge unterschiedlicher Anbieter ohne Konverter oder weitere Spezifikationen (Kunde und Lieferant) sichergestellt werden. ODX[18] definiert beispielsweise ein XML-basiertes Format, das den Datenaustausch und das Beschreiben von Daten (Diagnose-, Fahrzeug-Interface, Programmierung, Interfacedaten) zwischen Steuergerät und Diagnosewerkzeug sicherstellt. Externe Werkzeuge müssen somit nicht mehr spezifisch programmiert werden, sofern diese konform nach Standard ausgelegt sind. Die ASAM arbeitet eng mit der ISO, AUTOSAR und weiteren Gremien und Institutionen zusammen. [35,36]

Neben der ASAM besteht eine Entwicklungspartnerschaft mit der Bezeichnung Automotive Open System Architecture (AUTOSAR). Ein Ziel ist die Vereinfachung des Datenaustausches zwischen verschiedenen Steuergeräten. Auf der Basis einer einheitlichen Softwarearchitektur mit einheitlichem Beschreibungs- und Konfigurationsformat werden Beschreibungsmethoden definiert. Diese sollen sicherstellen, dass der Austausch, die Wiederverwendbarkeit, die Skalierbarkeit und die Integration gewährleistet sind. Die Partner sind Hersteller von Automobilen, Steuergeräten, Entwicklungswerkzeugen und Mikrocontrollern. Diese sind untergliedert in Exklusivmitglieder, Projektleiter, Arbeitsgruppen, Administratoren und Sprecher. [37] Ergebnis der gemeinsamen Arbeiten sind internationale Standards wie die ISO 13209. Diese Norm beschreibt die formalen Diagnose- und Prüfabläufe. Das Open Test sequence eXchange (OTX) Format soll die bisherigen proprietären Ausführungen ablösen und somit vereinheitlichen. Grundlegend basiert OTX auf XML[19]. Es gibt jedoch auch eine Reihe an Editoren, die grafische Oberflächen zum Bearbeiten zur Verfügung stellen. [38,39]

2.3 Gesetzesvorgaben

Es bedarf der klaren Abgrenzung zwischen Gesetzgeber und Verordnungsgeber. „Verordnungsgeber sind als verfassungsunmittelbare Rechtsautoritäten dem Gesetzgeber zugeordnet und in diesem Sinn ein eigenständiges Gegenüber zum Verfassungsgerichtshof [SIC]" [40]. Aufgrund der Vorgaben des Gesetzgebers, der als legislatives Organ bezeichnet wird, werden

---

[17] API - Application programming interface: Programmierschnittstelle zur Anbindung an Programme.

[18] ODX - Open Diagnostic Data Exchange (ASAM MCD-2 D).

[19] XML - Extensible Markup Language: Es handelt sich um eine erweiterbare Auszeichnungssprache zur Beschreibung und zum Austausch komplexer Strukturen.

Rechtsverordnungen beziehungsweise Verordnungen und Leitfäden erstellt. Die folgenden beiden Unterkapitel sollen einen Einblick in die für diese Arbeit relevanten Vorgaben geben.

Die für den Endverbraucher relevanten Schnittstellen, wie zum Beispiel bei der periodisch wiederkehrenden Hauptuntersuchung oder der Überprüfung im Straßenverkehr (Exekutive), basieren auf diesen Gesetzen, Verordnungen und Leitfäden. Für Fahrzeuge mit ottomotorischer Verbrennung ist die OBD II (u. a. im Zusammenhang mit EURO-Einstufung[20]) ab BJ 2001, für Fahrzeuge mit dieselmotorischer Verbrennung ab BJ 2004 verbindlich. Prüfumfänge, wie beispielsweise die Abgasuntersuchung, finden für Fahrzeuge mit Erstzulassung ab dem Jahr 2006 unter gewissen Voraussetzungen rein elektronisch ohne Gasmessung statt. Das Prüfwerkzeug kommuniziert über die Fahrzeugschnittstelle mittels eines Bussystems und dem zugehörigen Transportprotokoll mit dem Fahrzeug. Das Vorgehen und Verfahren hierzu wird in Kapitel 6.3.1 vorgestellt. [41]

2.3.1 Nationale Gesetzgebung

Das Straßenverkehrsgesetz (StVG) beinhaltet Ermächtigungsnormen. Details, beispielsweise zur Beschaffenheit eines Fahrzeugs, werden durch die sogenannten Ausführungsbestimmungen definiert. Das Gesetz findet seine Anwendbarkeit durch die erlassenen Rechtsverordnungen. Inwieweit diese Ausführungsbestimmungen erlassen werden können, ist in Artikel 80 des Grundgesetzes verankert [42].

Im Fall des StVG ist unter anderem das Bundesministerium für Verkehr und digitale Infrastruktur (BMVI) – ehemals Bundesministerium für Verkehr, Bau und Stadtentwicklung (BMVBS) – ermächtigt, mit Zustimmung des Bundesrates Rechtsverordnungen und Allgemeine Verwaltungsvorschriften zu erlassen. Diese bestehen zusätzlich zur Straßenverkehrs-Ordnung (StVO), der Straßenverkehrs-Zulassungsordnung (StVZO), der Zulassung von Fahrzeugen zum Straßenverkehr (FZV), der EG Fahrzeuggenehmigungsverordnung (EG-FGV), der Fahrerlaubnisverordnung (FeV) und der Fahrzeugteileverordnung (FzTV) [43]. Damit neue Gesetze oder Änderungen der Rechtsverordnungen ihre Gültigkeit erlangen, müssen sie zwingend im Bundesgesetzblatt veröffentlicht werden.

Das Verkehrsblatt, herausgegeben vom BMVI (ehemals BMVBS), beinhaltet neben Änderungen und Ergänzungen auch die Begründung sowie zugehörige Richtlinien, siehe ergänzend Bild 2.5. [41,44] Die Anlage VIIIa der StVZO (§29 Abs. 1 und Anlage VIII Nr. 1.2) beschreibt die Durchführung der Hauptuntersuchung (HU) und Sicherheitsprüfung (SP).

---

[20] Einstufung mit festen Emissionswerten für Kohlenwasserstoffe, Kohlenstoffmonoxid, Kohlenwasserstoff, Stickoxide und Partikel je Fahrzeugkategorie von EURO1 bis aktuell EURO6. [19]

Hier liegen am Beispiel der Hauptuntersuchung detaillierte Beschreibungen zu folgenden Themenkreisen vor: [41]

■ Durchführung und Gegenstand der Hauptuntersuchung

■ Umfang der Hauptuntersuchung

■ Beurteilung der bei der Hauptuntersuchung festgestellten Mängel

■ Untersuchungskriterien

Die FeV und die FZV übernehmen bereits Teile der StVZO, die in naher Zukunft vollständig durch die FZV abgedeckt werden soll. Mit Hilfe dieser Beschreibungen und den zugehörigen Richtlinien erfolgt die periodische Prüfung der Fahrzeuge bei anerkannten Überwachungsorganisationen (ÜO). Die Anlage VIIIb der StVZO beschreibt die Vorschriften zur Anerkennung von Überwachungsorganisationen. Deren Anerkennung wiederum obliegt der obersten Landesbehörde beziehungsweise einer klar definierten zuständigen Stelle. [41,43]

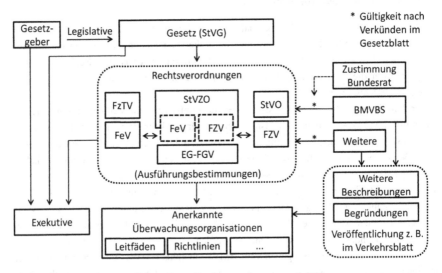

Bild 2.5: Zusammenhänge zwischen Gesetz/Rechtsverordnungen nach [43]

2.3.2 Internationale Gesetzgebung

Der Import und Export von Fahrzeugen und Fahrzeugteilen ist diffizil, wenn in verschiedenen Ländern unterschiedliche Rechtsvorschriften zu Grunde liegen. Vor diesem Hintergrund bietet sich eine Harmonisierung der technischen Vorschriften und Bedingungen zur gegenseitigen Anerkennung von Genehmigungen an. Dieser Prozess obliegt der Wirtschaftskommission

der Vereinigten Nationen für Europa (ECE) und der Europäischen Union (EU). Die Vertrags-
parteien für die Übereinkommen bestimmen selbstständig, welche ECE-Regelungen in ihrem
Hoheitsgebiet Anwendung finden. Fahrzeugteile, die nach ECE genehmigt sind, verfügen
über einen Kreis mit dem Buchstaben „E" und einer Kennziffer (Staat) als Kennzeichnung.
Nach EU bauartgenehmigte Teile verfügen als Prüfzeichen über ein Rechteck mit dem Buchstaben „e" und der Kennzahl des Staates, welcher die Genehmigung erteilt hat. Die jeweilige
nationale Genehmigungsbehörde setzt diese ECE-Regelungen in Kraft. In Deutschland ist
dies das Kraftfahrt-Bundesamt (KBA). [43]

Bei der weltweiten Harmonisierung sind die zwischenzeitlich über 120 Regelungen zur
Homologation Basis für die Zulassung von Fahrzeugen, Systemen und Typprüfverfahren.
Weil in den USA das Selbstzertifizierungssystem Anwendung findet, haben die USA das gemeinsame Abkommen aus dem Jahr 1958 nicht unterzeichnet. Ein Vertragswerk aus dem Jahr
1998 verfolgt das Ziel der weltweiten Harmonisierung von fahrzeugtechnischen Vorschriften.
Neben den ursprünglichen Vertragspartnern, bestehend aus der EU, den USA und Japan, haben sich weitere Staaten wie zum Beispiel Kanada, die Republik Korea, die Russische Föde-
ration und die Volksrepublik China angeschlossen. Länder- sowie bundesstaatenspezifische
Gesetze und Auflagen, wie der „Title 13"[21] der „California Code Regulation", werden ebenfalls betrachtet und berücksichtigt.

Das Bündnis hat bereits weitere Vorschläge zu Sicherheits- und Umweltvorschriften erarbeitet. Die Verabschiedung[22] einer weltweit harmonisierten Vorschrift steht derzeit noch aus.
Das Ziel ist die Umsetzung und Anerkennung der Vorgaben in allen Unterzeichnerstaaten.
Die Klärung von Grundsatzfragen, wie beispielsweise die Integration dieser Regelungen in
das jeweilige nationale Recht, findet derzeit statt. [43,45]

2.4 Prüfinstitutionen

Die staatlich anerkannten Prüforganisationen führen Prüfungen, Abnahmen von Hoch-/Rück-
rüstungen und weitere Aufgaben in hoheitlicher Funktion durch. Diese Organisationen, wie
beispielsweise die DEKRA oder der TÜV, unterliegen der amtlichen Kontrolle und Akkredi-
tierung.

---

[21] Korrekte Bezeichnung: Title 13, California Code Regulations, Section 1968.2, Malfunction and
Diagnostic System Requirements for 2004 and Subsequent Model-Year Passenger Cars, Light-Duty
Trucks, and Medium-Duty Vehicles and Engines (OBD II). [118]

[22] Verabschiedung durch Exekutivgremium AC.3 der UN ECE WP.29, World forum for harmonisati-
on of vehicle regulations. [45]

2.4.1 Hauptuntersuchung (HU)

Die StVZO definiert in §29, Anlage VIII und VIIIa, die Richtlinie für die Durchführung von Hauptuntersuchungen (HU) und die Beurteilung der dabei festgestellten Mängel an Fahrzeugen. Diese Richtlinie wird im Sprachgebrauch auch als HU-Richtlinie bezeichnet. Aufgrund der Änderungen der Richtlinie 2009/40/EG sowie 2010/378/EU und den zugehörigen Empfehlungen der Kommission aus dem Jahr 2010 folgte die Neufassung der HU-Richtlinie. Die Neufassung ist seit dem 01.07.2012 anzuwenden. Die bisherige Richtlinie aus dem Jahr 2006 wurde zugleich aufgehoben. Die HU-Richtlinie gliedert sich in vier Teile: [43]

■ Bau- und Wirkvorschriften, Konditionierungs-/Prüfungsfahrt

■ Untersuchungsvorschriften

■ Angabe von Hinweisen und Beurteilungen der Mängel; Weitergabe

■ Beurteilungskatalog von Mängeln bei Hauptuntersuchungen (Mangelkatalog)

Diese vier Teile beschreiben sehr detailliert die Rahmen- und Randbedingungen. Hier werden auch entsprechende Eingruppierungen für Mängel oder aber die einheitlichen Verfahrensbeschreibungen zur Bewertung dieser Mängel vorgegeben. Weiterhin stehen dem amtlich anerkannten Sachverständigen oder Prüfer für den Kraftfahrzeugverkehr (aaSoP/PI) oder dem Prüfingenieur (PI) Leitfäden bei der Durchführung der Hauptuntersuchung zur Verfügung. Hierzu zählen auch Themenkreise wie zum Beispiel der bundesweit einheitliche Mangelbaum [46] oder Anerkennungsrichtlinien zur Zertifizierung von Prüferinnen und Prüfern. Exemplarisch wird in Kapitel 2.4.2 der Leitfaden zur Begutachtung der Bedienerführung von Abgasmessgeräten vorgestellt, zumal thematisch die Schnittstelle bei der Durchführung der HU bei neueren Fahrzeugen gegeben ist. [43] Die Inhalte und die Ausführung der Hauptuntersuchung wird in einer Reihe von Werken hinreichend beschrieben [41,43,44,47]. Vor diesem Hintergrund wird auf die detaillierte Beschreibung der Prüfumfänge in anderen Ländern, wie beispielsweise der sogenannten Shaken in Japan, Prüfumfängen aufgrund des Clean Air Act in den USA (nicht in allen Bundesstaaten), der Contrôle Technique in Frankreich oder des National Car Test (NCT) in Irland an dieser Stelle verzichtet.

2.4.2 Geräteleitfaden zur Abgasuntersuchung

Beim Leitfaden zur Begutachtung der Bedienerführung von Abgasmessgeräten, abgekürzt AU-Geräteleitfaden, ist derzeit die vierte Version (2008) gültig. Der AU-Geräteleitfaden ist mit der Richtlinie für die Durchführung der Untersuchung der Abgase von Kraftfahrzeugen nach StVZO, Anlage VIIIa, Nummer 6.8.2 verankert. Der Leitfaden wurde von der Unterarbeitsgruppe mit der Bezeichnung „AU-Geräteleitfaden" der Arbeitsgruppe „§§29 und 47a StVZO" des BMVBS am 30.04.2008 verabschiedet. Die Freigabe erfolgte am 30.06.2013 nach der Zustimmung der Länder. [48] Die Unterarbeitsgruppe setzt sich aus Vertretern der Prüfinstitutionen, der OEMs und der Diagnosewerkzeughersteller sowie Vertretern des Bundesverbandes der Hersteller und Importeure von Automobil-Service Ausrüstungen e.V. (ASA) zusammen. Mit der schrittweisen Einführung der OBD, OBD II und EOBD wird bei Fahrzeugen mit einer Erstzulassung ab dem Baujahr 2006 im Rahmen der Prüfung zunehmend auf Diagnosedaten zugegriffen.

Der Leitfaden beschreibt neben dem Anwendungsbereich mit Sonderregelungen in einem allgemeinen Teil auch die Mess- und Prüfgeräte sowie das Zustandekommen der Richtlinie. Im zweiten Teil wird in drei Kapiteln die Vorbereitung der AU beschrieben sowie im dritten Teil detailliert in neun Kapiteln die Durchführung der Untersuchung mit entsprechender Kategorisierung in Fahrzeuggruppen erläutert. Abschließend folgen die Beurteilung der Prüfergebnisse, Hinweise zum Nachweis über die Untersuchung der Abgase sowie allgemeine Hinweise. Diverse Anlagen, beispielsweise Begriffsbestimmungen und Erläuterungen ergänzen das über das BMVBS erhältliche Dokument. [48]

Die 41. Änderungsverordnung der StVO hat in zwei Stufen Einfluss auf das Prüfverfahren. Es ergeben sich im Übrigen durch die in Kapitel 2.6.1 vorgestellte World Wide Harmonized On-Board-Diagnostic (WWH-OBD) Änderungen und Umfänge, aufgrund derer ein neuer Leitfaden (Version 5) zwingend erforderlich sein wird. Die Unterarbeitsgruppe hat ihre Arbeit hierzu bereits aufgenommen.

2.5 Diagnosewerkzeuge und Anwendungen

Diagnosewerkzeuge erfüllen unterschiedliche Aufgaben in vielen technischen Bereichen. Hierbei kommen diese, ausgehend vom Entwicklungsprozess über die Produktion bis hin zum Service oder der Qualitätssicherung, zum Einsatz. Auch dem automobilspezifischen Anwender steht eine Vielzahl an Diagnosewerkzeugen zur Verfügung. Die folgenden Unterkapitel beschreiben den prinzipiellen Aufbau der Werkzeuge sowie einige Ausführungen mit deren Spezifikation.

2.5.1 Prinzipieller Aufbau und Schnittstelle zum Anwender

Jedes Werkzeug setzt sich aus Hard- und Softwarekomponenten zusammen. Die Hauptberührungspunkte ergeben sich durch die Schnittstelle zum KFZ. Hierbei kann die Verbindung kabelgebunden oder kabellos mittels Bluetooth, WLAN oder UMTS aufgebaut werden (siehe auch Telediagnose). Bei der kabelgebundenen Ausführung sind drei Varianten gängig. Der genormte Stecker des Werkzeugs wird mit der Schnittstelle verbunden und

■ stellt die Verbindung zum Werkzeug her oder

■ führt zu einer Hardware[23], die die anliegenden Signale routet, auswertet, aufbereitet und dem Werkzeug zur Verfügung stellt oder

■ die Signalauswertung findet direkt am Stecker statt. Dem Werkzeug stehen dementsprechend die aufbereiteten Daten zur Verfügung.

Hierbei kommt es zu Untervarianten. Beispielsweise wird bei der Star Diagnose für Fahrzeuge des Herstellers Daimler oder DiTEST-Geräten aus dem Hause AVL das Signal mittels WLAN beziehungsweise Bluetooth ab dem Diagnosestecker (nach der Fahrzeugschnittstelle) drahtlos an das Diagnosewerkzeug übermittelt. Das Werkzeug als solches kann, sofern die Signalauswertung und Aufbereitung bereits erfolgt ist, als Softwareanwendung auf dem PC oder Laptop ausgeführt werden. Ist dies nicht der Fall, gibt es je nach Leistungsumfang des Geräts verschiedene Ausführungen. Hierbei kommen mobile Aufbauten auf Rollen oder portable Geräte (Handgeräte) zum Einsatz. Exemplarisch zeigt Bild 2.6 einige Werkzeuge.

Bild 2.6: Darstellung diverser Diagnosewerkzeuge, aus [49]

Die zweite Schnittstelle des Diagnosewerkzeugs besteht zum Anwender für die Ein- und Ausgabe. Während die Visualisierung früher nur mit einem Blinkcode dargestellt werden konnte, stehen heute bei Handgeräten meist berührungssensitive Bildschirme zur Verfügung. Bei PC- oder laptopbasierten Ausführungen ist dies das Display des Gerätes.

---

[23] Jeder Hersteller verwendet spezifische Bezeichnungen, wie z. B. Break-out-Box, Vehicle-Communication-Interface (VCI) oder Multiplexer. Ein VCI beinhaltet meist einen Multiplexer. Eine Break-out-Box bildet die Grundlage für den Signalabgriff.

Software-Updates werden von den Herstellern regelmäßig bereitgestellt, je nach technischer Ausführung per CD/DVD, mobilem Datenträger oder über das Internet. In den folgenden Kapiteln werden zur Veranschaulichung einige Geräte vorgestellt. Da der Funktionsumfang der Geräte stark variiert, wird er in der jeweiligen Kategorie dargestellt. Der Umfang und die Funktion der verschiedenen Geräte ist bezeichnenderweise Inhalt einer Reihe wissenschaftlicher Arbeiten, wie zum Beispiel bei [44,50,49,51,36,52,53].

2.5.2 Herstellerspezifische Prüfsysteme

Prüf- und Diagnosesysteme der jeweiligen Hersteller werden umgangssprachlich oft als OEM bezeichnet. Diese decken Grundfunktionen ab, wie beispielsweise die Mess- und Betriebsdatenerfassung, das Lesen und Löschen des Fehlerspeichers, die Parametrierung, Kalibrierung und Codierung (der Varianten) sowie die Flashprogrammierung. Da mit diesen Diagnosesystemen meist der Service- und Werkstattbereich arbeitet, sind zugleich Schaltpläne, Reparaturanleitungen, Hilfestellungen zur geführten Fehlersuche sowie spezifische Updates für das SG implementiert. Kundendatenbanken, buchhalterische und kalkulatorische Elemente werden meist vom Service und nicht direkt in der Werkstatt abgewickelt, sodass diese zwar verbunden sein können, meist aber nicht direkt im Werkzeug implementiert sind. Prüfsysteme sind überwiegend herstellerspezifisch und decken meist die gesamte Fahrzeugflotte ab. Regelmäßige Updates ermöglichen die Integration neuer Modelle und Varianten sowie zugehöriger Informationen, aber auch die Integration von Software-Updates und dergleichen mehr. Da die Vernetzung und Netzanbindung bei heutigen Geräten zunehmend gegeben ist, greifen Hersteller vermehrt auf die Serveranbindung zurück. Neben der Lizenzprüfung können hierdurch Symptome und Fehler zentral erfasst und dokumentiert werden. Bei ähnlicher oder gleicher Symptomatik kann somit neben der optimierten und verkürzten Fehlersuche zugleich die Qualität auf der Basis dieser statistischen Erfassung gesteigert werden. [18,12,49]

2.5.3 Herstellerunabhängige Prüfsysteme

Bei den herstellerunabhängigen beziehungsweise herstellerübergreifenden Werkzeugen bietet sich die Gliederung in zwei Bereiche an. Es gibt eine Reihe an Werkzeugen, die von freien Werkstätten zur Abdeckung der in Kapitel 2.5.2 beschriebenen Umfänge zum Einsatz kommen. Diese Werkzeuge decken mehrere Automobilhersteller ab und lassen sich individuell ausstatten. Neben den reinen OBD-Funktionen können spezielle Umfänge wie Steuergerätediagnosetester, Multimeter oder Oszilloskope eingesetzt werden. Auch diese Werkzeuge werden in [49,50] und [51] jeweils vorgestellt. Der Kaufpreis dieser herstellerunabhängigen Systeme entspricht in der Höhe ungefähr dem Kaufpreis der Herstellersysteme. Freie Werkstätten können somit mit einem Gerät mehrere Hersteller bedienen.

Im Handel sind auch preisgünstigere Werkzeuge erhältlich. Teilweise ist deren Software frei erhältlich. Mittels Anleitung kann die benötigte Hardware selbst gefertigt werden (exemplarisch [54,55]). Diese Ausführungen sind erstrangig für den privaten Anwender vorgesehen. Hier werden zunehmend Anbindungen für das Smartphone in Form einer sogenannten App (Application) angeboten. Aktuell sind beispielsweise bei iTunes von Apple Inc. 136 Apps[24] zum Thema Diagnose verfügbar (z. B. [56,57]). Die Verbindung zwischen der Hardware an der Schnittstelle im Fahrzeug und Smartphone erfolgt mittels WLAN oder Bluetooth. Angeboten werden zunehmend auch Komplettpakete, die die Hardware zum Zugriff auf die Fahrzeugschnittstelle und die Software für den Computer oder das Smartphone – in ansprechend aufbereiteter Form – bereitstellen. Hier stehen neben genormten und herstellerspezifischen Diagnosefunktionen auch Optionen wie der Start des Motors oder das Öffnen des Fensters per Fernzugriff zur Verfügung, siehe zum Beispiel [58].

Im Rahmen einer wissenschaftlichen Arbeit wurden verschiedene Anwendungen und Interfacetypen an mehreren Fahrzeugen im Feld untersucht [52]. Der Funktionsumfang, die Kompatibilität sowie die Zuverlässigkeit dieser Geräte und Anwendungen variiert stark. Die meisten Produkte beschränken sich vom Funktionsumfang auf die genormten Diagnoseinhalte in Verbindung mit den zugehörigen Transportprotokollen. Insbesondere bei herstellerspezifischen Diagnosen oder bei der Programmierung (Flashen) von Steuergeräten ist Vorsicht geboten, zumal eine Absicherung des Funktionsumfangs selten gegeben ist. Sofern der Fernzugriff beispielsweise mittels CAR-PC über Funk oder GSM/UMTS erfolgt, sind weitere Wissenschaftsfelder, wie die IT-Sicherheit, zu berücksichtigen, wohlwissend, dass ein unkontrollierter Zugriff nicht ohne Weiteres vermieden werden kann. Bedingt durch die Variantenvielfalt sind derartige Anwendungen zwangsläufig stark eingeschränkt. Beispielsweise ist die Diagnose eines Fahrzeugtyps aufgrund einer Modellpflege oder abweichender Ausstattungen nicht identisch mit der eines anderen Fahrzeugs. Sofern die Diagnosefunktion nur anhand dieses einen und älteren Typs nachvollzogen und programmiert wurde, liegt kein abgesicherter und umfänglicher Datensatz zu Grunde. Siehe hierzu unter anderem auch [59,60].

Eine Sonderstellung nimmt die „VCDS-Serie" der PCI Diagnosetechnik GmbH & Co. KG ein. Am Beispiel der VCDS-Serie, die in Verbindung mit dem zugehörigen Interface und einer PC-basierten Software ausgeführt wird, können nahezu alle Funktionen des Herstellerwerkzeugs bei Fahrzeugen der Volkswagen AG, der Audi AG und weiteren Konzernmarken ausgeführt werden. Diese greifen auf abgesicherte Inhalte zurück und sind hinreichend getestet, siehe [49,61].

---

[24] Anzahl der Treffer im iTunes-Store unter Verwendung des Suchbegriffs „OBD" am 03.01.2014.

2.5.4 Hauptuntersuchungs-Adapter

Der Hauptuntersuchungsadapter, in der aktuellen Ausführung als „HU-Adapter 21 PLUS" bezeichnet, ist ein generisches Prüfwerkzeug, welches von Sachverständigen für Sachverständige entwickelt wurde. Dies unter anderem, da die HU-Reformpakete (StVZO) die Nutzung der elektronischen Fahrzeugschnittstelle zur Prüfung im Rahmen der Hauptuntersuchung seit dem 01.07.2012 vorsehen. Der Adapter soll den Prüfer bei der Untersuchung der Ausführung, der Funktion, der Wirkung und des Zustands unterstützen. Die softwareseitige Anbindung sowie die Integration in bestehende Abläufe werden berücksichtigt. Anzumerken ist, dass die FSD seit Jahren die Systemdaten aller Fahrzeuge für die bundesweite Prüfung erfasst und den Prüfinstitutionen zur Verfügung stellt. Die FSD, die als Non-Profit-Organisation tätig ist, wurde 2004 gegründet und beschäftigt mehr als 100 Mitarbeiterinnen und Mitarbeiter. Aufgaben der Organisation sind die Ermittlung, Generierung, Dokumentation, Bereitstellung und Validierung der Vorgaben für die Hauptuntersuchung (HU) und Sicherheitsprüfung (SP). Dies umfasst nach §29 der StVZO und der 2009/40/EG die System- und Prüfdaten. Die Mittelverwendung wird von einem Kontrollbeirat (BMVBS, KBA, Bundesrat) im Rahmen seiner öffentlichen Aufgaben geprüft. Weiterhin gibt es einen technischen Beirat. Die Finanzierung dieser Aufgabe der FSD GmbH erfolgt über die HU-Gebühr. Hierbei ist pro HU jeweils ein Euro vorgesehen. Die zehn Gesellschafter setzen sich aus Vertretern der Prüfinstitutionen zusammen. Die FSD ist maßgeblich für die Entwicklung des „HU-Adapters" sowie des „HU-Adapters 21 PLUS" verantwortlich. [62,63]

Der HU-Adapter 21 PLUS ist in Bild 2.7 im Zusammenhang mit den Schnittstellen Fahrzeug, mobiles Bediengerät und Notebook für den Prüfer sowie mit den jeweiligen Übertragungswegen und Verbindungen dargestellt.

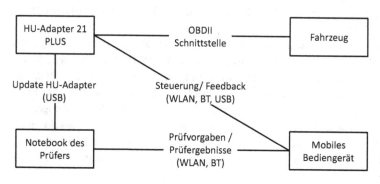

WLAN: Wireless Local Area Network
BT: Bluetooth
USB: Universal Serial Bus

Bild 2.7: Der HU-Adapter 21 PLUS mit Schnittstellen, aus [65]

Vorgaben und Richtlinien (Kapitel 2.2), wie beispielsweise der ASAM-MCD 2 Standard oder ODX nach ISO 22901, wurden bei der Entwicklung und Implementierung berücksichtigt. Die FSD gibt bei mehreren Tagungen und Veranstaltungen einen Ausblick auf zukünftig angedachte Prüfumfänge bei der Hauptuntersuchung. In naher Zukunft sollen diese beispielsweise neben hersteller- und modellspezifischen Ansteuerungen (u. a. Beleuchtung) auch Elemente wie die Bezugsbremskraftprüfung beim PKW und NFZ mittels Pedalkraftsensor umfassen [64].

2.6 Zukünftige Anforderungen und Systeme

Die Historie zeigt, dass die Diagnose wesentlich von den vielseitigen Entwicklungen, höheren Rechenleistungen der Steuergeräte und weiteren Einflussfaktoren profitiert. Ein weiteres Novum stellen die Bestrebungen zur Harmonisierung und Novellierung dar. Da stets neue Anforderungen entstehen, sich aber auch neue Möglichkeiten ergeben, werden in den folgenden drei Unterkapiteln exemplarisch drei themenverwandte Bereiche vorgestellt.

2.6.1 Weltweite Bestrebung zur Harmonisierung der Diagnose

Wie zu Beginn von Kapitel 2.2 vorgestellt, existiert aktuell eine Vielfalt an nationalen und internationalen Varianten und Derivaten bezüglich der Diagnosestandards und Ausführungen im Feld. Die Bestrebungen der World Wide Harmonized-Diagnose (WWH-OBD) zielen darauf ab, einen einheitlichen, homologierten und weltweit gültigen Standard festzulegen. Die zugehörige sechsteilige Norm ist die ISO 27145 [28]. Grundlage hierfür ist im Wesentlichen die Global-Technical-Regulation (No. 4 & 5) der United Nations (UN), die bei der UNECE online verfügbar ist [66].

Die WWH-OBD wird aktuell in der ersten Stufe bei Nutzfahrzeugen im Feld umgesetzt. Somit werden die Inhalte der SAE J1939 [67] von der WWH-OBD ebenfalls abgedeckt. Die Norm SAE J1939 ist ein sehr umfangreiches Regelwerk, welches die Diagnose bei Nutzfahrzeugen und Landmaschinen beschreibt. [28] Bei einer Übertragungsrate von 250 kBit/s ist der Extended-Identifier des Bussystems CAN mit 29 Bit vorgesehen. Für Nutzfahrzeuge, aber auch für andere Bereiche werden Parametergruppen[25] beschrieben, die beispielsweise in der Nachricht „Engine Temperature #1" diverse Temperaturen definiert. Die Inhalte der SAE Richtlinie werden in einer Reihe von Arbeiten und Dokumenten thematisiert, siehe unter anderem [68,69].

---

[25] Die Parameter Group Number (PGN) ist Teil des Identifiers. Die sogenannte Suspect Parameter Number (SPN) beschreibt spezifische Informationen und wird in PGNs zusammengefasst. [27]

Die Definition der WWH-OBD beschreibt den CAN als Übertragungsmedium, sieht jedoch für die Zukunft die Diagnose mittels Internetprotokoll drahtgebunden und drahtlos vor. In der WWH-OBD werden ausschließlich UDS-Dienste [70] verwendet. Die Integration von ODX und OTX ist gleichfalls vorgesehen. [71]

Neu definiert wird die sogenannte Vehicle-On-Board-Diagnose (VOBD), die die fahrzeugseitige Implementierung und den Datenzugriff beschreibt. Ziel ist der zentrale Zugang zum VOBD-Datensatz, der dem Testgerät Anwendungsdaten und Informationen gesammelt zur Verfügung stellt. Es werden zwei Varianten unterschieden: Der „Burst Access Data" Umfang beschreibt eine begrenzte Menge an Daten, die nur gelesen werden können, beispielsweise bei einer Verkehrskontrolle. Der „Normal-Access-Data"-Umfang beinhaltet größere Datenmengen, die bidirektional ausgetauscht werden können. Beim Standard nach WWH-OBD sind darüber hinaus drei Ausführungen („use case cluster") für Diagnosedaten und das OBD-System vorgesehen. Es handelt sich um Informationen über den Status der emissionsrelevanten OBD-Systeme bezüglich aktiver und bestätigter Fehler sowie der Diagnose für die Reparatur in der Werkstatt. [28,72]

2.6.2 Diagnose mittels Internetprotokoll (DoIP)

Die Übertragung der für die Diagnose relevanten Informationen, beispielsweise nach UDS [70], kann neben den in Kapitel 2.1.2 vorgestellten Medien auch mit dem Internetprotokoll (Ethernet-Protokoll) nach ISO 13400 [73] erfolgen. Die in Kapitel 2.6.1 vorgestellte WWH-OBD sieht dies bereits vor. Aufgrund höherer Datenmengen, in Verbindung mit der höheren Datenübertragungsrate und der standardisierten Schnittstellen, verwenden verschiedene OEMs insbesondere beim Flashen (End-of-Line) bereits heute diesen Übertragungsweg. Da der in Kapitel 2.1.1 beschriebene Zugang zum Fahrzeug über freie Pins verfügt, kann die Belegung auf die Pins 3 und 8 sowie 11 bis 13 integriert werden. Pin 3 und Pin 4 sind jeweils für „Eth Rx", Pin 12 und Pin 13 jeweils für „Eth Tx" angedacht. Über Pin 8 kann die Aktivierung erfolgen. Auf der Basis der Norminhalte der ISO 14230 können bei der Diagnose mit IP (DoIP) die UDS-Diagnoseinhalte des Steuergerätes über das Bussystem mit einem Diagnosegateway in TCP/IP-Botschaften verpackt und mittels Ethernet oder WLAN übertragen werden. [12]

Bild 2.8 zeigt die Schnittstelle des Fahrzeugs, die in Form des Gatewaysteuergerätes mit der drahtgebundenen Anbindung an das externe Diagnosewerkzeug ausgeführt ist. Der schematische Signalweg zu den einzelnen Steuergeräten wird verdeutlicht. Da sich insbesondere bei der drahtlosen Übertragung neue Schnittstellen und Zugriffsmöglichkeiten ergeben, muss der Schutz vor Manipulation sichergestellt werden. Dieses Themengebiet wird derzeit intensiv erforscht und die Möglichkeiten zur Absicherung werden entsprechend veröffentlicht, siehe unter anderem [74,75,76,77].

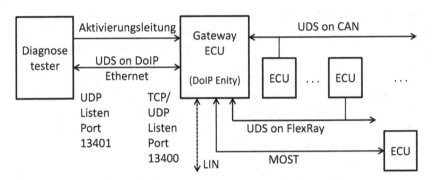

Bild 2.8: Gateway ECU als Schnittstelle für DoIP im Fzg., aus [12]

2.6.3 Anforderungen aufgrund neuer Fahrzeugtechnologien

Der Anteil an elektronischen Komponenten im Kraftfahrzeug steigt stetig weiter an. Komponenten, wie die Lenkung oder Elemente des Getriebes, werden zunehmend elektrifiziert [78]. Neben diesen Komponenten sind auf dem Markt bereits diverse Hybrid- und Elektroantriebe (Traktionsmaschinen) zu finden [79]. Bei diesen neuen Ausführungen und insbesondere beim reinen Elektrofahrzeug kommen neue Schnittstellen für die elektrische Energiezufuhr und Kommunikation hinzu. Diese werden beispielsweise in der internationalen Norm ISO 15118 mit dem Titel „Road vehicles - Vehicle to grid communication interface" [80] beschrieben.

Ergänzend zu der in Kapitel 2.1.3 in Bild 2.3 vorgestellten Architektur zeigt das Bild 2.9 [81] einige Themenfelder, die sich durch diese Erweiterungen und neuen Schnittstellen für OEMs, Entwicklungsdienstleister und Zulieferer ergeben.

Diese Umfänge sind für die Instandhaltung und Instandsetzung für Fahrzeuge im Feld, aber auch bei der periodischen Fahrzeugprüfung mit entsprechender Diagnose relevant. Bei Systemen mit einer Spannung über 60 Volt DC beziehungsweise über 25 Volt AC [82] kommen zudem noch die Anforderungen an Hochvolt-Systeme zum Tragen.

Neben der Integration dieser Bereiche bei der Entwicklung sind somit auch Regelungen und Vorgaben für die Prüfung und Wartung im Feld erforderlich. Die FSD befasst sich unter anderem intensiv mit diesem Thema und den Möglichkeiten zur Integration in den HU-Adapter 21 PLUS. [9,63,83]

Forschungsprojekte, wie beispielsweise PräDEM[26] [84], erarbeiten darüber hinaus Ansätze, um Fehler an elektrischen Maschinen frühzeitig zu erkennen und darauf aufbauend das HMI am Gesamtsystem anzupassen und zu optimieren.

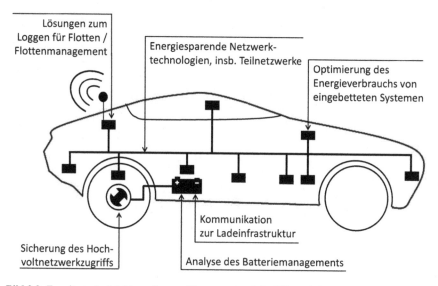

Bild 2.9: Erweiterte Architektur mit neuen Komponenten beim EV, nach [81]

---

[26] PräDEM - Forschung für eine prädiktive Diagnose von elektrischen Maschinen in Fahrzeugantrieben. Öffentlich gefördertes Projekt. [84]

3 Kategorisierung aus Anforderungen

„Stil ist die Fähigkeit, komplizierte Dinge
einfach zu sagen - nicht umgekehrt."
Jean Cocteau

In Kapitel 1.1 erfolgt die Eingrenzung der für diese Arbeit relevanten Systeme und damit einhergehender Schnittstellen. Das Gesamtsystem, bestehend aus Fahrzeug, Diagnosewerkzeug und Anwender, kann mit Hilfe dieses modularen Verfahrens methodisch analysiert, transparent dargestellt und darauf aufbauend systematisch getestet werden. Die allgemeingültigen Begriffe, wie zum Beispiel Test oder Prüfung, werden in diesem Kapitel im Kontext zur Arbeit beschrieben und definiert. Darüber hinaus werden erste grobe Kategorien zugeordnet, wie beispielsweise die Unterteilung in fahrzeugseitige und testerseitige Szenarien.

3.1 Betrachtungsweisen zum System

Die Analyse und der Test erfordern Zugang zu dem zu untersuchenden oder zu analysierenden System. Dies erfordert mindestens die Zugriffsmöglichkeit auf die Verbindung zwischen Fahrzeug und Werkzeug. Die im Folgenden mit Fallbeispielen hinterlegten Betrachtungsweisen zeigen, dass darüber hinaus eine modulare Testumgebung notwendig ist. Als Herangehensweise bietet sich an, bei der Betrachtung die in Bild 3.1 dargestellten vier Fallunterscheidungen einzuführen.

Bei der Analyse des Systems Fahrzeug und Diagnosewerkzeug sind neben der Kommunikation sowohl die Schnittstellen in Form des Diagnosesteckers, als auch die Interpretation des Inhalts zu betrachten. Bei der Visualisierung ist neben der Ausgabe des Werkzeugs auch die Reaktion des Fahrzeugs von Interesse. Diese erfolgt beispielsweise in Form von Anzeigen im Kombi-Instrument[27].

---

[27] Abgeleitet vom englischen Begriff Instrument Cluster, umgangssprachlich auch „Tacho" bezeichnet.

- Erster Fall: Es wird das Verhalten und die Interaktion lediglich beobachtet und gegebenenfalls aufgezeichnet.

- Zweiter Fall: Es werden das Diagnosewerkzeug und sein Verhalten analysiert und/oder getestet. Hierbei ersetzt die Testumgebung das Fahrzeug, beispielsweise in Kombination mit einer partiellen Steuergerätesimulation.

- Dritter Fall: Bei der Analyse oder dem Test von Fahrzeugkomponenten übernimmt die Testumgebung die Rolle des Diagnosewerkzeugs. Werden beispielsweise Fahrzeugfunktionen angesteuert, so kann der Anwender die Reaktion des Fahrzeugs verfolgen. Hierbei ist zu unterscheiden, ob die Funktion einen digitalen Rückgabewert hat. Das kann als grundlegendes Beispiel die Bordnetzspannung sein. Wird eine Beleuchtungsfunktion angesteuert, ist die Rückgabe in Form des Systemverhaltens visuell vom Anwender festzuhalten. Dies kann beispielsweise als Teilfunktion des Kurvenlichts das Schwenken des Abblendlichts nach links sein.

- Vierter Fall: Dieser ergibt sich als kombinierte Betrachtung des zweiten und dritten Falles. Die Testumgebung übernimmt hierbei entweder Teilfunktionen des jeweiligen Gegenübers oder stellt die Signale des Fahrzeugs beziehungsweise des Diagnosewerkzeugs in verändertem Umfang und eventuell auch zeitlich verzögert zur Verfügung. In Kombination mit einem editierbaren Gateway ist dies beispielsweise bei der Analyse von Kommunikationsverhalten, der Überprüfung der Implementierung oder aber auch beim Re-Engineering zielführend.

Diese vier Fälle können mit weiteren Anforderungen beliebig komplex dargestellt werden. Die vorgestellten Verfahren zur Koordination der fahrzeug- und werkzeugseitigen Signale ermöglichen es, unter anderem in Kombination mit einer editierbaren Datenbank (Kapitel 4.2.4), reproduzierbar Konfigurationen und Sequenzen zur Analyse und zum Test auszuführen.

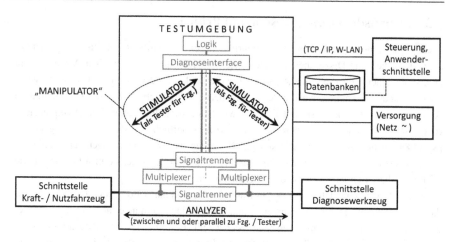

Bild 3.1: Fallunterscheidung am Beispiel des Verbundsytems, nach [85]

3.2 Begriffsdeklaration Analyse

Allgemein verfolgt die Analyse das Ziel, Beziehungen und Wirkungen – bei Systemen auch Wechselwirkungen – aufzulösen und somit zu verstehen. Die Analyse wird in nahezu jeder wissenschaftlichen Disziplin auf eine Fragestellung, ein System oder ein Objekt angewendet. In dieser Arbeit verfolgt die Analyse zwei Zielsetzungen: Es wird in Form eines modularen Aufbaus zwischen der

■ Analyse zur Fehlersuche und Bewertung sowie der

■ Analyse zum darauf aufbauenden Test

unterschieden. Elemente der Analyse sind teilweise ebenfalls Bestandteil beim Test. Soll beispielsweise bei einem unbekannten Diagnosewerkzeug eine herstellerspezifische Diagnosefunktion getestet werden, sind zunächst unter anderem die entsprechenden Schnittstellenpins hinsichtlich des relevanten Bussystems beziehungsweise der relevanten Bussysteme zu analysieren. Darauf aufbauend können die darüber übermittelten Nachrichteninhalte betrachtet und beispielsweise im Vergleich zu einem OEM-Werkzeug beurteilt und bewertet werden.

Da bei jeder Analyse, ebenso wie beim Test, ein reproduzierbares Vorgehen unabdingbar ist, werden spezifische Ablauf- und Aufbaubeschreibungen für die Abarbeitung benötigt. Diese lassen sich gegebenenfalls nochmals in Untergruppen gliedern. In Kapitel 5.5 wird exemplarisch eine derartige Beschreibung vorgestellt.

3.3   Begriffsdeklaration Testen und Prüfen

Analog zur Analyse umfasst auch der Begriff Test ein weitläufiges Feld und ist in nahezu allen Bereichen und Disziplinen vertreten. Die Spezifikation des allgemeinen Versuchs, mit höchstmöglicher Sicherheit eine Aussage über die Funktion oder Eigenschaft eines Systems oder Zustands zu erhalten, wird in der Praxis meist konkretisiert. Neben der Unterteilung in Abnahme- und Dauerlauftest sind Begriffe wie Systemtest, Integrationstest, Akzeptanztest, Black-Box-Test und White-Box-Test in wissenschaftlichen Abhandlungen geläufig. [86,87,88] In diversen Standardwerken [2,89] werden weitere Gliederungen für Tests definiert, beispielsweise statische und dynamische, funktionsorientierte, kontrollflussorientierte oder datenflussorientierte Tests und dergleichen mehr.

Diese Arbeit behandelt respektive in Kapitel 5 ein modulares Vorgehen, das in Bezug auf das vorgestellte Verfahren die fahrzeug- und testerseitigen Umfänge, aber auch die Abdeckung des Gesamtsystems mit Anwender, sicherstellt. Bei einer Prüfung wird im Vergleich zum Test nach DIN 1319 in Teil 1 [90] festgestellt, inwieweit ein Prüfobjekt eine Forderung erfüllt oder sich innerhalb von einer vorgegebenen Toleranzgrenze bewegt.

3.4   Anforderungen im Rahmen dieses Verfahrens

Die in Kapitel 3.1 vorgestellten Betrachtungsweisen sind jeweils mit einem Beispiel belegt. Werden die vier Kategorien (Fälle) spezifisch betrachtet, ergeben sich – insbesondere bei der Verzahnung derselben – eine Reihe von weiteren Anforderungen. Das folgende Anwendungsbeispiel zeigt, dass ein nicht abgesichertes Ergebnis auf der Basis des vorgestellten Verfahrens eine weitreichende Auswirkung haben kann: Bei der Hauptuntersuchung mit integrierter Abgasuntersuchung wird bei aktuellen Fahrzeugen auf ausgewählte Diagnoseinhalte (siehe auch Kapitel 6.3.2) zurückgegriffen. Die hierfür vorgesehenen sogenannten AU-Prüfgeräte sind vor dem Einsatz im breiten Feld abzunehmen und freizugeben.

Die Ergebnisse dieser Arbeit ermöglichen dies. Erfolgt die Gerätefreigabe aufgrund unzureichenden Testens und Prüfens eines solchen Gerätes, wird die Zuteilung der Plakette bei der Hauptuntersuchung zunächst von Seiten des aaSoP/PI aufgrund des vermeintlichen Ergebnisses des Prüfgeräts verweigert. Tritt der Fehler nur bei der Kombination eines Fahrzeugtyps mit einem Prüfwerkzeug auf, ist die Anzahl bundesweit gering. Da jedoch selbst bei einem gleichen Fahrzeugtyp mit gleichem Baumuster verschiedene Komponenten und Konstellationen (z. B. SG) verbaut werden, birgt ein fehlerhaftes Prüfgerät eine hohe Anzahl an Fehlentscheidungen im Feld. Weiterhin gibt es im Feld eine Vielzahl an Sonderausführungen, beispielsweise Fahrzeuge mit zwei Motorsteuergeräten. Die zuvor genannten Punkte werden vom Kunden zunächst auf die durchführende Prüfinstitution zurückgeführt. Es stellt sich die Frage nach dem weiteren Vorgehen: Ein Werkstattbesuch wird vermutlich kein Fehlverhalten am Fahrzeug aufdecken, die Plakette wird jedoch nach wie vor nicht zugeteilt. Da der diagnostische Anteil an Prüfumfängen bei der Durchführung stetig steigen wird (siehe Kapitel 2.4.1), ist dieser Thematik eine hohe Aufmerksamkeit bei der Bearbeitung beizumessen. Bei der Integration herstellerspezifischer Diagnoseumfänge in Verbindung mit der periodischen HU steigt die Komplexität, gemessen am aktuellen diagnostischen Umfang, der über Normen abgedeckt ist, immens an.

Dieses Szenario in Form einer praktischen Anwendung zeigt, dass der an dieser Stelle kurz angeschnittene Test weitere Anforderungen hinsichtlich der Steuerung, des Zugriffs, der Reproduzierbarkeit und dergleichen mehr mit sich bringt. Zur Betrachtung von Systemen mit zugehörigen Subsystemen ist es somit grundsätzlich erforderlich, dass eine detaillierte Beschreibung mit Abgrenzung und Motivation in Verbindung mit definierten Randbedingungen feststeht. Dies kann mit der Auftragsklärung zu Beginn eines Beratungsgesprächs verglichen werden, ohne die für beide Seiten kein zufriedenstellendes Ergebnis erzielt werden kann. Tabelle 3.1 zeigt auf der Basis der zuvor eingeführten Systemunterteilung eine weitere Form zur Gliederung. Hierbei wird bei der Zuordnung der Kategorien zwischen Analyse (A) und Test (T) unterschieden. Sofern beim Test auf Elemente der Analyse und bei der Analyse auf Teile des Tests zurückgegriffen wird, ist die jeweilige Komponente geklammert dargestellt.

Tabelle 3.1: Kategorisierung zur Analyse und zum Test, nach [91]

Kategorien	Gesamtsystem	Fahrzeug	Werkzeug
Verbund	A/(T)	-	-
Verbindung, Belegung	A	A	A
Schnittstellen	-	A/T	A/T
Übertragung	A	A	A
Kommunikation	A	A/T	A/T
Performance, Timing	A/(T)	-	-
Normkonforme Implementierung	-	T/(A)	T/(A)
Funktionen (Leuchtweite etc.)	A	A/T	A/T
Systeme und Komponenten	-	A/T	-
...			

Anmerkung: A = Analyse; T = Test

Die folgenden drei Unterkapitel spezifizieren exemplarisch einige Anforderungen, die in den Hauptkapiteln 4 und 5 hinsichtlich der Umsetzung wieder aufgegriffen werden. Sowohl bei der Analyse als auch beim Test spielt der Anwender bei jedem Ablauf eine entscheidende Rolle. Das Diagnosewerkzeug muss benutzt werden („Benutzerführung eines Gerätes"). Die visualisierten Rückmeldungen sind zu interpretieren. Anzumerken ist, dass die Automatisierbarkeit daher aufgrund der erforderlichen Interaktion zwischen Anwender und Diagnosewerkzeug maßgeblich begrenzt ist, selbst wenn detaillierte Ablaufbeschreibungen und Definitionen vorliegen.

3.4.1 Analyse und Test des Gesamtsystems

Bei der Analyse des Gesamtsystems (Verbund) ist der Zugriff auf die Verbindung zwischen Fahrzeug und Diagnosewerkzeug erforderlich. Der Eingriff in das System kann in drei Gruppen gegliedert werden:

- Um relevante Signale zu identifizieren und auf deren Inhalt zuzugreifen, ist beim Zugriff auf die Verbindung sicherzustellen, dass die Kommunikation nicht beeinflusst oder gestört wird. Die Signale, die von Interesse sind, können darauf aufbauend mit entsprechender Software aufgezeichnet werden.

- Soll analysiert/getestet werden, wie robust die Kommunikation zwischen dem Fahrzeug und Diagnosewerkzeug gegenüber externen Störgrößen wie Signalüberlagerung, Dämpfung und dergleichen ist, kann das System auf der Grundlage des zuvor genannten Zugangs beaufschlagt werden.

- Soll analysiert/getestet werden, wie die Teilsysteme Fahrzeug und Diagnosewerkzeug bei der Kommunikation auf fehlende Signale oder Botschaften – beziehungsweise deren verzögerte Zustellung – reagieren, muss die Verbindung getrennt werden. Sämtliche Botschaften oder Inhaltsfragmente müssen dann beispielsweise mittels eines Gateways dem jeweiligen Gegenüber in gewünschter Form zur Verfügung gestellt werden. Dies kann von Interesse sein, wenn das Systemverhalten oder Toleranzgrenzen dargestellt werden sollen.

Beim Signalabgriff und insbesondere bei der Signaltrennung sind spezielle Randbedingungen zu beachten. Beispielsweise müssen sogenannte Idle-Nachrichten, Nachrichtenzähler und weitere Größen übertragen werden, um Protokollverletzungen zu erkennen und zu vermeiden. Auch der Unterschied zwischen PKW (12 Volt) und NFZ (24 Volt) ist hinsichtlich des Spannungspegels zu beachten. Dies ist insbesondere beim Bussystem K-/L-Line relevant, da die Pegel in direkter Korrelation zur Bordnetzspannung stehen. Bild 3.2 visualisiert die jeweiligen Schwellwerte, die bei der Erfassung mit Entwicklungswerkzeugen [92,93] mindestens notwendig sind und bei deren Unterschreiten die Kommunikation zwischen Fahrzeug und Diagnosewerkzeug nicht möglich ist.

Eine derartige Visualisierung kann beispielsweise genutzt werden, um die tatsächlichen Funktionsgrenzen unter definierten Bedingungen (Kabellänge, Übergangswiderstände etc.) darzustellen und zu dokumentieren.

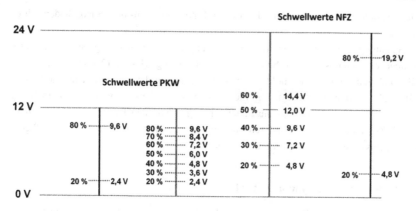

Bild 3.2: Pegel/Spannungsschwellen, PKW/NFZ bei K-/L-Line, nach [94]

Diagnose-/Prüfwerkzeuge werden entweder extern oder über das Fahrzeug mit Leistung versorgt. Wird die Testumgebung (Kapitel 6.1) zusätzlich mitversorgt, sind Sicherungsmechanismen vorzusehen, um eine zu hohe Belastung oder das Auslösen der KFZ-seitigen Absicherung zu vermeiden. Unabhängig von den zuvor untergliederten Fällen ist sicherzustellen, dass die Pins zwischen Fahrzeug und Testumgebung ohne externe Beeinflussung vorliegen. Dementsprechend darf sich auch der jeweilige Widerstandswert der Verbindung nicht exorbitant verändern. Weiterhin müssen bei getrennten Signalen durch das Diagnose-Interface der Testumgebung adäquate Bedingungen geschaffen werden.

3.4.2 Fahrzeugseitige Analyse und Test

Die fahrzeugseitige Analyse und der Test erfordern die Gliederung in zwei Betrachtungsweisen:

■ Analyse und Test des Fahrzeugs, dessen Funktionen und Verhalten in Verbindung mit einem Diagnosewerkzeug. Dies ist zu einem gewissen Grad eine Schnittmenge zu Kapitel 3.4.1, jedoch mit dem Fokus auf das Fahrzeug (PKW und NFZ).

■ Fungiert die Testumgebung als Diagnosewerkzeug, kann das Verhalten und die Reaktion des Fahrzeugs getestet werden.

Da insbesondere im zweiten Fall aktiv Einfluss auf das Fahrzeug genommen wird, sind sicherheitsrelevante Aspekte sowie ein abgesichertes Vorgehen zwingend erforderlich. Bei jeglicher Form der Ausführung sind werkstattübliche Vorkehrungen zur Sicherung des Fahrzeugs und der Umgebung zu treffen. Darüber hinaus müssen beim Beaufschlagen von Systemen mit Störgrößen gesonderte Maßnahmen getroffen werden, da dies möglicherweise zu einem unerwarteten Systemverhalten führen kann. Einen Personen- oder Sachschaden gilt es abzuwenden.

Die Spannungsversorgung einer beliebig ausgeführten Testumgebung beziehungsweise eines Diagnosewerkzeugs über die Schnittstelle des Fahrzeugs (PKW, 12 Volt) stellt bei nahezu allen Fahrzeugen auf dem Markt keine Herausforderung dar, sofern Leistungen kleiner als 60 Watt abgegriffen werden. Auch in diesem Fall ist – insbesondere bei der Betrachtung eines NFZ – darauf zu achten, dass die Spannungspegel zwischen Fahrzeug und Werkzeug gleich sind. Zumindest die Pegel müssen über ein gleiches Potential und Niveau verfügen, wie sie beim Bussystem K-/L-Line zugrunde liegen.

3.4.3 Testerseitige Analyse und Test

Wie in Kapitel 3.4.2 dargestellt, bietet sich auch bei der testerseitigen Betrachtung eine analoge Fallunterscheidung an. In dem in Kapitel 3.1 definierten Fall ersetzt die Testumgebung das Fahrzeug. Die Diagnose beim Kraftfahrzeug basiert auf dem Request-Response-Prinzip, siehe hierzu Kapitel 2. Das Fahrzeug oder die Abbildung von Steuergeräten in Form einer partiellen Steuergerätesimulation ermöglichen bei der Analyse und beim Test somit die Antwort auf Anfragen des Diagnosewerkzeugs. Abhängig vom Aufbau der Bedienerführung steht der implementierte Umfang zur Verfügung. Dieser ist üblicherweise in Menüs und Untermenüs gegliedert.

Ist die Analyse des Funktionsumfangs und Aufbaus eines Diagnosewerkzeugs am Gesamtsystem erfolgt, kann die Implementierung spezieller Funktionen oder des OBD-Umfangs an einem Diagnosewerkzeug in Form einer partiellen Steuergerätesimulation getestet werden. Der Aufbau ist prinzipiell dem eines Hardware in the Loop[28] Prüfstands oder dem einer spezifisch entwickelten Prüftechnik für Komponenten [95] ähnlich. In diesem zweiten Anwendungsfall muss die Testumgebung die entsprechende Versorgungsspannung für das Werkzeug bereitstellen.

Hierbei ist insbesondere die Verschaltung der Masse (Pin 4) und Signalmasse (Pin 5) zu berücksichtigen. In der Praxis wird dies üblicherweise in Form eines gemeinsamen Potenzials umgesetzt. Somit ist gewährleistet, dass auch solche Bussysteme fehlerfrei nachgebildet werden können, deren Auswertung nicht auf der Spannungsdifferenz der Pegel basiert. Hier kön-

---

[28] Abgekürzt HiL. Es handelt sich um eine Umgebung, die mittels Hardware und Simulation beispielsweise die Inbetriebnahme von Steuergeräten in einer sicheren Umgebung ermöglicht. Die Echtzeitfähigkeit und Funktionsdeckung sind je nach Anforderung und Test verschieden spezifiziert. Ein HiL ermöglicht unter anderem reproduzierbare Bedingungen beim Test. Während bei Methoden mit HiL die Hardware im Vordergrund steht, ist es bei SIL-Anwendungen (Software in the Loop) die Software.

nen bei Spannungsabfall oder Spannungsschwankungen beispielsweise auch Funktionsgrenzen umgesetzt und getestet werden. In Kapitel 5 werden verschiedene Untergliederungen zum Test auf der Grundlage von editierbaren und nicht editierbaren Simulatoren beschrieben. Diese stellen hinsichtlich des Aufbaus und der Funktion die Grundlage zum reproduzierbaren Test mit Bewertung auf der Basis definierter Abläufe dar.

Die folgenden beiden Kapitel – Kapitel 4 zur methodischen Analyse und Kapitel 5 zum systematischen Test – greifen die Anforderungen dieses Kapitels auf. Es wird ein Verfahren vorgestellt, das in Verbindung mit weiteren Rahmen- und Randbedingungen Transparenz bei der Analyse und beim Test ermöglicht.

4 Methodische Analyse

„Eine Analyse kann elegant oder sachlich,
schnell oder langsam, knapp oder ausführlich sein;
darüber hinaus aber sollte sie am besten richtig sein."

Michael Hughes

Das Kapitel beschreibt die Analyse anhand der im Folgenden vorgestellten Methoden. Die Methodik greift die Anforderungen bei der Betrachtung des Gesamtsystems Fahrzeug und Diagnosewerkzeug mit zugehörigen Subsystemen in Verbindung mit den Kategorisierungen aus Kapitel 3 auf. Die methodische Analyse ermöglicht die transparente Darstellung und Dokumentation. Darauf baut jeder reproduzierbare Test auf. Somit folgt zugleich, dass das Vorgehen bei der strukturierten Analyse nach den spezifischen Anforderungen zu wählen ist. Den zwei im Folgenden dargestellten Szenarien liegen unterschiedliche Intentionen zugrunde, was sich wesentlich auf die Herangehensweise auswirkt:

- Analyse eines Kommunikationsfehlers an einem unbekannten Verbund von Fahrzeug und Prüfumgebung.

- Erarbeitung einer universellen Prüf- und Teststrategie für Systeme und Subsysteme eines Fahrzeugs oder Diagnosewerkzeugs auf der Basis der Analyse.

Ein wesentliches Merkmal bei einem unbekannten Verbund ist, dass im Vorfeld keine Eingrenzung möglich ist. Das theoretische Vorgehen zur Betrachtung systemübergreifender Interaktionen bei der Analyse ist jedoch für jede Form der Betrachtung relevant. Oft kann hier keine klare Abgrenzung vorgenommen werden. Auf das Signal des Niveausensors greifen mehrere Fahrzeugsysteme zu, wie zum Beispiel das aktive Fahrwerk oder das Beleuchtungssystem. Ein Fehlereintrag im Beleuchtungssystem wird somit von einer zugehörigen Komponente verursacht, die auf weitere Systeme Einfluss hat. Analoge Beispiele können in beliebiger Komplexität beschrieben werden, insbesondere wenn verteilte Softwarefunktionen hinzu kommen. Vor diesem Hintergrund ist parallel zur Analyse stets die dissoziative Betrachtung der Plausibilität und Absicherung der gewonnen Erkenntnisse notwendig.

Das folgende Kapitel ist in drei Hauptteile gegliedert. Auf der Grundlage der Beschreibungs- und Gliederungsformen folgt die Analyse der Belegung und Verbindung. Darauf aufbauend folgt die Analyse der Kommunikation und des Dateninhaltes.

4.1 Bezug zu Beschreibungs- und Gliederungsformen

Wie einleitend in Kapitel 4 beschrieben, ist ein strukturiertes Vorgehen erforderlich und bei der Durchführung methodischer und reproduzierbarer Abläufe unabdingbar. Es ist naheliegend, auf etablierten und abgesicherten Beschreibungsformen aufzubauen. In den folgenden Unterkapiteln werden hierzu eine Reihe von Ansätzen vorgestellt.

4.1.1 Referenzmodelle

Bei dem ISO/OSI-Schichtenmodell (Open System Interconnection) handelt es sich um ein genormtes Referenzmodell nach ISO 1978. Hierbei werden sieben Schichten definiert, ausgehend vom hardwarenahen Physical Layer bis hin zum Application Layer, der die Dienste für den Anwender bereitstellt. Für die Betrachtung von Bussystemen in Kraftfahrzeugen sind die Schichten drei, vier, fünf und sechs nicht relevant. [96] In der Praxis werden – über den Umfang der Norm hinaus – vereinzelt mechanische Komponenten in Form der Schicht null beschrieben, wie beispielsweise Schnittstellen oder Verbindungen. Tabelle 4.1 zeigt die einzelnen Schichten mit Beschreibung der Funktion. Somit ist eine klare Zuordnung möglich. Das ist beim Transportprotokoll beispielsweise die Zuordnung zur vierten Schicht.

Tabelle 4.1: OSI-Schichtenmodell mit Funktionseinordnung, nach [12]

Schicht	Bezeichnung	Funktion
7	Anwendung (Application)	Funktionen für Anwendungen, Dateneingabe und Datenausgabe, Lesen Fehlerspeicher etc.
6	Darstellung (Presentation)	Umwandlung systemabhängiger Daten in ein unabhängiges Format.
5	Sitzungssteuerung (Session)	Steuerung von Verbindungen und Datenaustausch.
4	Datentransport (Transport)	Zuordnung der Datenpakete zu einer Anwendung, Segmentierung.
3	Vermittlung (Network)	Routen der Datenpakete, Adressvergabe, Erkennung und Überwachung.
2	Sicherung (Data Link)	Paketsegmentierung in Frames, Flusskontrolle, Kontrollmechanismen → Prüfsummen.
1	Bitübertragung (Physical)	Elektrischer Pegel der Signale, Codierung der Bits, Synchronisation.

Die Schichten werden während der Kommunikation zwischen zwei Steuergeräten jeweils von beiden Partnern entsprechend durchlaufen. Beim Durchlaufen des Modells wird das Da-

tenpaket mit festem Nutzdateninhalt aufgrund des sogenannten Overheads entsprechend grö-
ßer, je tiefer es sich im Modell befindet.

Es gibt eine Reihe weiterer Beschreibungsformen, beispielsweise das sogenannte DoD-
Modell (Department-of-Defense), auf welchem das Internet basiert. Dieses Modell mit vier
Schichten ist ähnlich wie das OSI-Modell aufgebaut. Im Rahmen dieser Arbeit bieten derartige Modelle, respektive das OSI-Modell, bei dem im folgenden Kapitel vorgestellten modularen Ansatz eine klare Struktur. Ein Beispiel ist die systemische Betrachtung, ausgehend von
der Hardware bis hin zur Software und Implementierung.

4.1.2 Modularer Ansatz

In den vorherigen Kapiteln wird vorgestellt, dass eine klare Abgrenzung von Analyse und
Test in der Praxis nicht umgesetzt werden kann. Es ist von Vorteil, wenn Abläufe oder Sequenzen mittels einzelner Module oder Modulblöcke realisiert werden. Dabei wird sichergestellt, dass verschiedene Systeme und Komponenten mit teils abweichender Spezifikation und
Ausführung mit geringen Änderungen und Anpassungen an den Modulen und deren Zusam-
menstellungen betrachtet werden können. Eine exemplarische Darstellung einiger Module mit
stichwortartiger Bezeichnung ist im Anhang dargestellt. Bild 4.1 zeigt schematisch den Zusammenhang von Modulen, Modulblöcken und Abläufen.

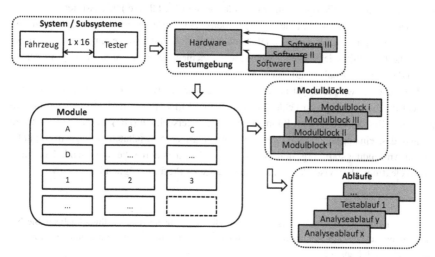

Bild 4.1: Schematische Darstellung des modularen Aufbaus

Ein Modul kann beispielsweise die in Kapitel 4.2.2 vorgestellte Matrix sein. Diese ermöglicht das beliebige Signal-Routing, ähnlich einem Multiplexer. Wird dieses Modul mit weiteren Elementen zur Analyse kombiniert, kann der Busverkehr betrachtet und aufgezeichnet

werden. In Verbindung mit weiteren Modulblöcken, die beispielsweise die Kommunikation filtern und transparent darstellen, erhält der Anwender Systemwissen. Das zuvor exemplarisch genannte Modul dient in anderer Konstellation auch als Grundlage dazu, dem Diagnosewerkzeug eine entsprechende Simulation zur Verfügung zu stellen.

4.1.3 Hard- und softwareseitige Betrachtung

Die Untergliederung bei der Betrachtung in Hard- und Software ist naheliegend und deckt sich mit dem in Kapitel 4.1.1 vorgestellten Aufbau von Referenzmodellen. Bei einem hardwareseitigen Ansatz können physikalische Fehler, wie ein Kabelbruch oder eine Kontaktschwäche an der Schnittstelle, lokalisiert und eingegrenzt werden. Bei der Verwendung dieses Vorgehens im Zuge der Fehlersuche kann auf Referenztabellen, Fehlersuchanleitungen sowie weitere Dokumente zurückgegriffen werden. Auch Ergebnisse einer durchgeführten FMEA[29], einer erstellten Fehlermatrix oder einer symptombasierten Herangehensweise können integriert werden. Dieses dokumentierte Wissen findet auch bei der softwareseitigen Betrachtung Anwendung. Hier liegt der Fokus – analog zu den oberen Schichten von Referenzmodellen – auf der Betrachtung der Steuergeräte mit zugehörigen Sensoren und Aktoren in Verbindung mit deren Vernetzung. Neben der Analyse von fahrzeugbus- und protokollspezifischen Eigenschaften werden analog zur korrekten Implementierung von Funktionen Fragestellungen wie die fehlerfreie Kommunikation (Time-out[30], Flow-Control[31], Idle etc.) beantwortet.

In der Praxis verschmelzen die Ansätze, sodass eine harte Unterteilung und Abgrenzung oft nicht zielführend ist. Wie in Kapitel 4 anhand des Niveausensors exemplarisch beschrieben, ist die Interaktion der Systeme zwingend als elementares Element notwendig, insbesondere bei dem auf der Analyse aufbauenden Test.

Hard- und softwareseitig ist neben Herangehensweisen wie dem symptombasierten Ansatz oder der Betrachtung von Fehlerfolgen stets die Wirkkette bei der Untersuchung miteinzubeziehen. Bei der Prüfung im Rahmen der Hauptuntersuchung (HU) ist darüber hinaus zu beachten, dass ein abgesichertes Testergebnis mit belastbaren Resultaten vorliegt. In Kapitel 5 wird ein Anwendungsfall vorgestellt. Dieser zeigt, dass dies durch die umfassende Kombination aus elektronischer, visueller und teils mechanischer Prüfung möglich ist.

---

[29] FMEA - Failure Mode and Effects Analysis (Fehlermöglichkeits- und Einfluss-Analyse): Sie beschreibt ein analytisches Vorgehen, um potentielle Schwachstellen zu vermeiden und Fehler zu finden. Siehe auch Kapitel 5.

[30] Überschreitung der Zeitspanne, in der die Antwort bei der Kommunikation erfolgen muss.

[31] Ein Element der Datenflusssteuerung, das unter anderem dazu dient, Inhalte zu übertragen, die den Umfang einer Nachricht überschreiten.

4.1.4 Kombination der Ressourcen

Die Diagnose basiert, wie in Kapitel 2.1.3 vorgestellt, auf dem Request-Response-Prinzip. Bei der Analyse des Gesamtsystems wird der Busverkehr mitgeschnitten und dokumentiert. Für die Abdeckung der in Kapitel 3.1 eingeführten Fallunterscheidungen sind darüber hinaus die Simulation und Stimulation notwendig. Entsprechend der gewünschten Konstellation ist bei der Nachbildung eine partielle Steuergerätesimulation erforderlich. Diese bildet für das Diagnosewerkzeug die Reaktionen des Fahrzeuges nach. Hierbei ist zu unterscheiden, ob die Simulation vom Anwender editiert werden kann oder nicht. Bei dem in Kapitel 5.2 vorgestellten Test von Diagnose- und Prüfwerkzeugen werden beide Elemente vorgestellt. Bei der editierbaren Simulation kann der Anwender auch atypische – beziehungsweise nicht normkonforme – Verhaltensweisen reproduzierbar darstellen und das Verhalten dokumentieren. Bei der Simulation erfolgt ebenfalls eine Stimulation in Form des Versendens einer oder mehrerer Nachrichten auf der Basis des ursprünglichen Requests. Hierbei sind weitere protokollspezifische Kommunikationsinhalte zu berücksichtigen und entsprechend zu integrieren.

Der Begriff Stimulation beschreibt im Rahmen dieser Arbeit das aktive Beaufschlagen, analog zur Reizung bei der K-/L-Line. Dies kann ein Diagnose-Request zur Abfrage der Batteriespannung eines Fahrzeugs sein oder aber auch die Teilenummer des Steuergeräts, das Sicherheitsfunktionen des Rückhaltesystems beinhaltet.

4.1.5 Methoden der Betrachtung

Dieses Kapitel definiert und beschreibt drei geordnete Vorgehensweisen, um Erkenntnisse über Systeme und Komponenten zu erlangen. Dies ist notwendig, wenn Analysen und Tests, wie in Kapitel 4.1.4 beschrieben, durchgeführt werden sollen. Inhalte dieses Kapitels werden auch in Bezug auf die praktische Umsetzung in der Veröffentlichung „Systematischer Test von Off-Board-Diagnoseumfängen im Feld auf der Basis der methodischen Analyse" [97] sowie in [98] dargestellt.

Bei der abstrakten Beurteilung verfügt der Anwender über kein Systemwissen. Auf der Grundlage der Definition relevanter Systeme erfolgt die Beschreibung der vorhandenen und relevanten Akteure. Dies kann mit Hilfe einer FMEA oder einer allgemeinen Systemmatrix umgesetzt werden. Akteure sind involvierte Steuergeräte, Sensoren und Aktoren. Eine Möglichkeit zur Gliederung in vier Ebenen nach „relevante Systeme", „beteiligte Steuergeräte", „Funktionen der Steuergeräte" sowie „Werte und Größen mit deren Auflösung und Herkunft" wird in Kapitel 5.4.1 vorgestellt. Darauf aufbauend ergeben sich Zusammenhänge wie beispielsweise die physikalische Vernetzung. Aus Applikationsleitfäden, Datenblättern und weiteren technischen Dokumenten können Nachrichten und Botschaften konstruiert werden. Daraus entsteht im Zusammenspiel ein Kommunikationsablauf. Das analytische und somit auch theoretische Vorgehen kann zum Generieren einer Restbussimulation gewählt werden.

Bild 4.2 zeigt den schematischen Ablauf. Da die Informationen, beispielsweise zur Applikation, jedoch schwer bis gar nicht zugänglich sind, finden eher die im Folgenden vorgestellten Methoden Anwendung.

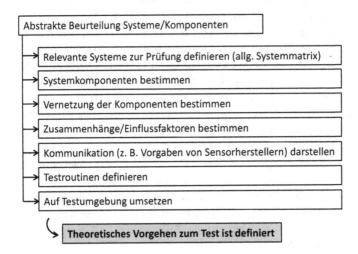

Bild 4.2: Vorgehen abstrakte Beurteilung von Systemen und Komponenten

Die analytische beziehungsweise konkrete Betrachtung greift auf Elemente der abstrakten Betrachtung zurück. Der Ablauf ist in Bild 4.3 dargestellt. Der prinzipielle Unterschied zu dem bereits vorgestellten abstrakten Vorgehen ist die begleitende Betrachtung mit Hilfe eines Diagnosewerkzeugs. Zusammenhänge und Daten werden aus der Interaktion von Fahrzeug und Diagnosewerkzeug generiert. Das Vorgehen setzt somit gleichfalls die grundlegende Beurteilung der Systeme und Komponenten voraus. Auch bei der Aufschlüsselung und Einteilung können Synergieeffekte genutzt werden. Bei digitalen, mittels Diagnosewerkzeug ausgelesenen Daten ist meist nicht ersichtlich, ob diese von einem Sensor stammen und somit gemessen sind, oder ob sie vom Steuergerät des Fahrzeugs per Simulation anhand hinterlegter Modelle und Kennfelder ausgegeben werden. Diese Fragestellungen lassen sich mittels des zuvor erarbeiteten Systemwissens beantworten.

Die verfügbaren Diagnosedaten stellen bei der Umsetzung einer diagnostischen Prüfroutine die Grundlage dar. Anhand dieser können beispielsweise Komponenten (Crashsensor) und Systeme (Sicherheitssystem Kopf-Airbag) eines Fahrzeugs geprüft werden. Bei der Durchführung der Prüfung werden anhand einer Beschreibung zum Ablauf und Umfang des Tests die Herstellernummer des Steuergerätes, der Fehlerspeicher, der Wert des Widerstands des Zündkreises und vieles mehr ausgelesen und plausibilisiert. Hierbei ist auch die Interaktion der Aktoren im Fahrzeug, wie unter anderem die Warnleuchte im Kombi-Instrument, in den Ablauf zu integrieren.

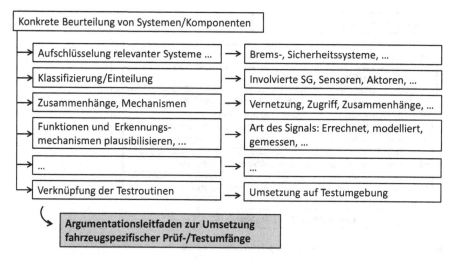

Bild 4.3: Vorgehen konkrete Beurteilung von Systemen und Komponenten

Im Vergleich zum abstrakten Vorgehen steht bei der analytischen beziehungsweise konkreten Betrachtung die Kommunikation im Vordergrund (Bild 4.4). Der Zugriff und das Vorgehen zum Erfassen der Kommunikationsinhalte (Kapitel 3.4.1) liefern einen Trace des relevanten Bussystems. Dies können auch Informationen mehrerer Bussysteme sein. Bei herstellerspezifischen Fragestellungen liefern die Diagnosewerkzeuge der jeweiligen Hersteller meist die umfänglichsten Informationen. Herstellerübergreifende Werkzeuge können jedoch ergänzend zur Absicherung (Redundanz) genutzt werden. Nach erfolgter Aufbereitung der Inhalte (siehe z. B. Kapitel 4.3.4) können Anwendungen zum Test aufgesetzt werden. Dieses Vorgehen wird auch als Teilschritt bei der analytischen Betrachtung von Systemen und Komponenten verwendet.

Jede Ausführung eines Tests oder einer Prüfung, die eine Ablaufbeschreibung und Definition von Grenzen implementiert, basiert auf der Analyse. Diese liefert die transparente Darstellung, die für reproduzierbare Vorgänge erforderlich ist. Der im Folgenden dargestellte Einblick dient zur Veranschaulichung. In Kapitel 5 und Kapitel 6.2 erfolgt der ausführliche Transfer mit Bezug zur praktischen Anwendung. Die Analyse dient der Darstellung des Systems und der Vernetzung relevanter und möglicher Kommunikationsinhalte. Nach der Definition von Testroutinen erfolgt die Bewertung des Umfangs, der Tiefe und somit auch der Qualität des Tests.

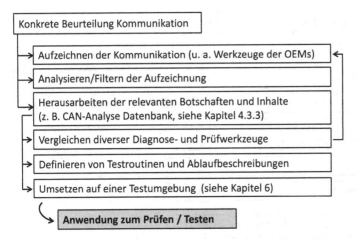

Bild 4.4: Vorgehen konkrete Beurteilung der Kommunikation

Bei der Bewertung von sicherheitskritischen Systemen im Kraftfahrzeug bedarf es neben grundlegendem Systemverständnis einer fundierten Referenz, um zu belastbaren Ergebnissen zu gelangen. Wird bei der Analyse des Bremssystems lediglich ein „Request" vom Steuergerät betrachtet, ist die Prüftiefe oberflächlich und die Abdeckung unzureichend. Auch die Integration weiterer digitaler Testumfänge und Verhaltensweisen einzelner Sensoren oder Aktoren reicht nicht aus. Neben dem Auslesen des Steuergeräts ist außer der Wirkprüfung auch die Prüfung der Ausführung im Ablauf vorzusehen. Hierbei sind weitere Randbedingungen, die seitens des Herstellers aus marketingspezifischen Aspekten vorgesehen werden, ebenfalls beachtenswert. Bei geöffnetem Verdeck eines Cabrios wird teilweise die Zylinderabschaltung oder aber „Start/Stopp" deaktiviert. Werden nun das Abgasverhalten oder sensorspezifische Größen über einen Zyklus betrachtet, liegen gegebenenfalls unterschiedliche Ausgangssituationen zugrunde, aus denen sich verschiedene Ergebnisse ableiten lassen.

4.2 Analyse der Belegung und Verbindung

Die in Kapitel 2.1.1 vorgestellte Schnittstelle ermöglicht den Zugriff auf die Signale des Fahrzeugs oder des Diagnosewerkzeugs. Neben den nach Norm vorgegeben Belegungen stehen den Herstellern von Kraftfahrzeugen frei konfigurierbare Pins zur Verfügung. Diese können beliebig belegt werden, beispielsweise mit einem weiteren Bussystem oder aber mit einzelnen Signalen (PWM, VPW, Pegel etc.). Bei der Analyse eines unbekannten Fahrzeugs oder bei der Fehlersuche ergeben sich weitere Fragen. Beispielsweise ob ein Signal vorhanden ist und wenn ja, ob dieses normkonform vorliegt. Die folgenden Unterkapitel beschreiben diese Thematik und die daraus zu ziehenden Folgerungen mit Blick auf die Anforderungen.

4.2.1 Transparente Darstellung mittels schrittweiser Abarbeitung

Bei der Analyse im Rahmen der Fehlersuche oder aber bei unbekannten Systemen benötigt der Anwender neben Ablaufbeschreibungen auch hardwarenahe Werkzeuge. Anhand des in Kapitel 4.1.1 beschrieben ISO/OSI-Schichtenmodells sind dies zunächst die untersten Schichten. Auf dem Markt ist eine Vielzahl von Oszilloskopen für diverse Anwendungen verfügbar. Ferner sind spezifische Funktionen zur Betrachtung von Bussystemen im freien Handel erhältlich. In Verbindung mit der in Kapitel 6 umgesetzten Testumgebung und deren verfügbaren Ressourcen bezüglich der Rechenleistung bietet sich für diverse Überlegungen ein Entwurf nach dem im Folgenden dargestellten Ansatz an:

- Belegung der Pins nach Kapitel 2.1.1

- Pegel der Versorgungsspannung (Pin 16)

- Pegel der Signale der weiteren Pins

- Signalform bei Bussystemen

- Mitschnitt der Initialisierung (z. B. Fast-Init auf der K-Line)

- Abschätzung Baudrate anhand von Triggern (up/up, up/down etc.)

Es kann somit teilautomatisiert eine Auswertung der 16 verfügbaren Pins vorgenommen werden und zugleich anhand der Interpretation der jeweiligen Signale eine Zuordnung vorgenommen werden. Der in Bild 4.6 dargestellte Auszug zeigt die Auswertung eines mittels Signalgenerator erzeugten 20 kHz Rechtecksignals, das mit einer Abtastrate von 2 MHz erfasst und dargestellt wird.

Der schematische Aufbau zur Umsetzung wird in Bild 4.5 in vereinfachter Form aufgezeigt. Der Entwurf einer zusätzlichen Platine, ergänzend zum Phytec-Evaluation-Board [99], ergibt sich aus der zu geringen umsetzbaren Abtastrate der integrierten Analog/Digital-Wandlung. Diese wandelt ein kontinuierliches Signal in ein diskretes Signal (quantisiertes) um, wobei die zeitliche Quantisierung in Form der Abtastrate beschrieben wird.

Dieser Aufbau ermöglicht eine Abtastrate von 3,33 MHz bei einem Eingangsspannungsbereich von 0-30 Volt. Damit ist eine ausreichend genaue Erfassung (Nyquist-Shannon-Abtasttheorem[32]) für die Anforderungen gegeben. Die Obergrenze von 28 Volt ermöglicht die Erfassung der Generatorspannung beim Nutzfahrzeug. Höhere Spannungen kommen auf den Leitungen der Schnittstelle nicht vor, sofern kein Fehler vorliegt. Für die nachfolgenden Bau-

---

[32] Die Frequenz der Abtastung muss mindestens doppelt so groß wie die maximal in dem Signal vorhandene Frequenz gewählt werden, um eine hinreichende Signalrekonstruktion zu gewährleisten. Bei CAN HS empfiehlt sich der Faktor fünf. [135]

teile bietet eine Absicherung Schutz. Mit Hilfe eines Spannungsteilers kann das Signal ska-
liert werden, um die Eingangsspannung des AD-Wandlers nicht zu überschreiten. Ein ho-
chohmiger Abgriff (> 40 kOhm) verhindert die systemseitige Beeinflussung des Signals, das
zur Analyse abgegriffen wird. Mittels eines Spannungsfolgers wird das stark gedämpfte Signal verstärkt und über einen Tiefpassfilter, der hochfrequente Störungen filtert, dem A/D-
Wandler zur Verfügung gestellt.

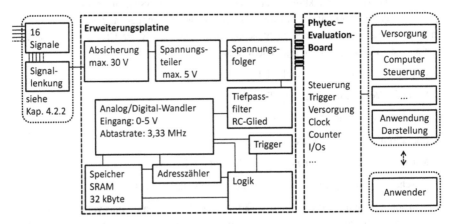

Bild 4.5: Schematischer Aufbau zur Integration eines Oszilloskops

Der ausgewählte A/D-Wandler von Texas Instruments (Typ TLC5510A) arbeitet mit einer Semiflash-Architektur. Diese kombiniert das Parallelverfahren (Vergleich des Eingangs-
signals mittels Komparatoren) und die sukzessive Approximation (ein Komparator vergleicht
das Signal zur Ausgangsspannung, die schrittweise auf die Eingangsspannung angehoben
wird). In Kombination mit einer Steuerlogik und Speicherbausteinen können die Messwerte
erfasst und gespeichert werden. [100] Der Aufbau des Schaltplans ist in Anhang – Visualisierungen (Bild A.8) dargestellt. Die vom Mikrokontroller aufbereiteten und gespeicherten Daten werden in Interaktion mit einem Computer über TCP/IP oder WLAN an diesen übertragen. Hier erfolgt die Darstellung und grafische Aufbereitung in Form einer GUI (umgesetzt in
Java, Bild 4.6). Die GUI ist ein Element in den folgenden Kapiteln vorgestellten Softwarearchitektur.

Die praktische Umsetzung mit Entwurf und Auslegung der erforderlichen Schaltung ist
begleitend in einer wissenschaftlichen Arbeit erfolgt [100]. Die Integration, der Aufbau und
die Beschreibung der relevanten Schritte mit Anpassung des Evaluationboards ist unter anderem anhand von Programmablaufplänen dokumentiert.

Mit Hilfe dieses Werkzeugs kann schrittweise die Belegung der Schnittstelle analysiert
und transparent dargestellt werden. Im Fehlerfall kann damit ein Verbindungsfehler ausge-

schlossen werden. Auch eine Abschätzung zur Qualität eines Bussignals kann vorgenommen werden, wie beispielsweise zur Signalform oder den Pegeln beim Bussystem CAN.

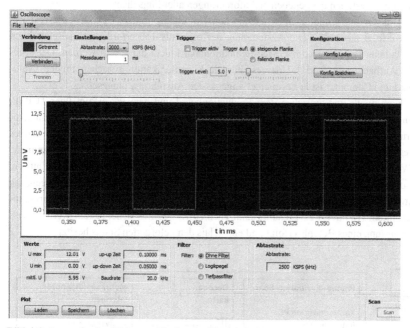

Bild 4.6: Anwenderoberfläche spezifisches Oszilloskop [101]

4.2.2 Verschaltungsmatrix zum Signal-Routing

In Kapitel 3.1 und Kapitel 3.4 werden Anforderungen in Verbindung mit einer Kategorisierung verknüpft, um verschiedene Fragen am Gesamtsystem und an den Teilsystemen abklären zu können. Diese Vorgehensweise erfordert eine Methode, die es ermöglicht, die fahrzeug- und testerseitigen Signale je nach Anforderungen zu lenken, aufzutrennen und den Werkzeugen zur Verfügung zu stellen. Die Komplexität als solche ergibt sich aus der Kombination der spezifischen Anforderungen. Das kann beispielsweise der physikalisch getrennte Betrieb des Gesamtsystems Fahrzeug und Diagnosewerkzeug oder aber die realistische Darstellung entsprechender Spannungspegel für Bussysteme, insbesondere bei K-/L-Line, sein. Ein Lastenheft, auszugsweise dargestellt in Anhang - Verweise, legt weitere Anforderungen fest, die bei der Umsetzung einer passenden Methodik zu beachten sind.

Da das Signal-Routing als Modul eines ganzheitlichen Ansatzes einzuordnen ist, wird eine von einem Mikrokontroller gesteuerte Verschaltungsmatrix mittels Relais ausgeführt. Manuelle Ausführungen, die mit entsprechender Verschaltungslogik über Kipp- oder Drehschalter ausgeführt werden, sind deutlich einfacher und günstiger umzusetzen. Die Fehlerrate aufgrund der Bedienung durch den Anwender und die nicht gegebene Reproduzierbarkeit von Konfigurationen erfüllen die gegebenen Anforderungen allerdings nicht.

Der Transfer zur grundlegenden technischen Umsetzung mittels Dekoderkarte und Relaiskarten erfolgt aus [102]. Die Ansteuerung der mehr als 150 erforderlichen Relais kann ohne zusätzliche Hardware vom Phytec-Evaluationboard nicht dargestellt werden. Der schematische Aufbau ist in Bild 4.7 dargestellt. Die Kommunikation zwischen Phytec-Evaluationboard und Computer ist in Form einer angepassten Ausführung umgesetzt.

Die Kommunikation zwischen dem Evaluationboard und dem PC erfolgt über TCP/IP. Durch die Anpassung vorhandener Funktionen fungiert der Mikrokontroller als Kommunikationspartner, der auf Befehle und Botschaften reagiert und dementsprechend antwortet. Dieses Verhalten erfolgt aus der Analyse und dem entsprechenden Transfer von „Chatprogrammen" [103]. Weitere Anpassungen und Erweiterungen ermöglichen spezifische Funktionen, auf die in den folgenden Kapiteln teilweise verwiesen wird. Hierzu zählen auch Absicherungen, die dem Anwender in Form eines Protokollfensters diverse visuell aufbereitete Statusinformationen übermitteln (Kapitel 4.2.3). Damit kann auch softwareseitig sichergestellt werden, dass die Übermittlung eines Befehls erfolgt und ein Relais den geforderten Status besitzt.

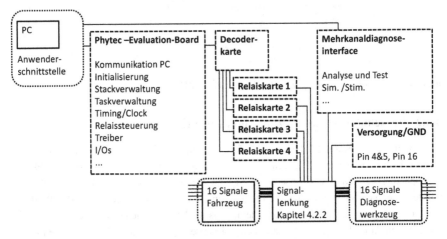

Bild 4.7: Schematischer Aufbau Signal-Routing mit Peripherie zur Steuerung

Die Pins für die Bussysteme CAN, K-/L-Line und SAE J1850 sind nach gültiger Norm definiert. Ferner ist die Belegung für die jeweilige Masse und für die Versorgung fest zugeteilt. Der gewählte Aufbau einer Matrix, in Bild 4.8 dargestellt, ermöglicht neben der beliebig konfigurierbaren Verschaltung auch den Betrieb nach den in Kapitel 3.4 definierten Anforderungen.

Stellt die Testumgebung beispielsweise das Fahrzeug in Form einer partiellen Steuergerätesimulation dar, ist die Masse (Pin 4) und Signalmasse (Pin 5) entsprechend abzubilden. Darüber hinaus besteht die Möglichkeit, fahrzeugseitige Signale auf einen beliebigen testerseitigen Pin zu schalten. Das kann notwendig sein, wenn das Werkzeug über keinen integrierten Multiplexer verfügt und somit nicht jedes Bussystem auf jedem Kanal darstellen kann. Das Auftrennen von Verbindungsleitungen auf der Fahrzeugseite erschließt die Möglichkeit zur Analyse diverser Verhaltensweisen, beispielsweise die Analyse des Diagnosewerkzeugs beim Betrieb des CAN High-Speed mit einem Signalleiter. Sind alle Relais geöffnet, besteht die Verbindung zwischen Fahrzeug und Diagnosewerkzeug mit kurzen Leitungswegen. Damit ist sichergestellt, dass die Beeinflussung in Form einer erhöhten Dämpfung aufgrund längerer Leitungswege und die Einflüsse aufgrund der geänderten angepassten Leitungsführung (ISO 11898-2 [104]) möglichst gering sind. Auch bei geschalteten Relaisvarianten und somit längeren Leitungswegen müssen diese Anforderungen erfüllt werden.

Auf der Basis der in Bild 4.8 dargestellten Matrix lassen sich die in Kapitel 3.4 definierten Ausführungen in Verbindung mit einem Diagnose-Interface (siehe A und B) umsetzen.

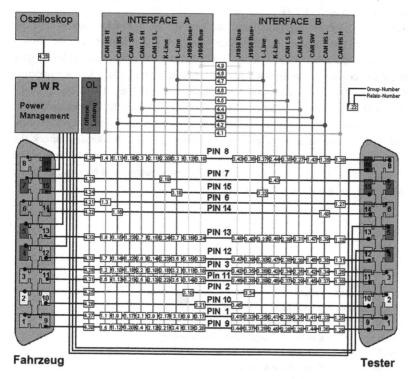

Bild 4.8: Matrix zum Signal-Routing mit Schnittstellen, nach [94]

Das vereinfacht dargestellte Powermanagement sichert je nach Anwendungsfall die be-
darfsgerechte Versorgung. Damit ist der Betrieb bei physikalisch getrennter Ausführung der
Bussysteme (Fahrzeug und Diagnosewerkzeug) möglich. Bei der alleinigen Darstellung eines
Fahrzeugs oder Werkzeugs stellt das jeweilige Gegenüber den Eingriff nicht fest.

Die in den vorangegangenen Ausführungen vorgestellten Gesichtspunkte setzen zur Darstellung aller Funktionen eine Anzahl von mehr als 150 Relais voraus. In Anhang –Visualisierungen (Bild A.6 und Bild A.7) ist die Umsetzung in Form von zwei Schaltplanauszügen
dargestellt.

4.2.3 Ablaufkoordination und Anwenderschnittstelle

Die in Kapitel 4.2.1 und Kapitel 4.2.2 vorgestellten methodischen Werkzeuge müssen – ebenso wie die weiteren modularen Elemente – für den Anwender nutzbar umgesetzt werden.
Weiterhin besteht der Anspruch, einer Anforderung nach Reproduzierbarkeit gerecht zu werden. Dies ist für jede Analyse in Verbindung mit der darauf folgenden transparenten Darstellung zwingend (siehe Kapitel 4.2.4).

Für den Aufbau einer Benutzeroberfläche, die zugleich als Anwenderschnittstelle dient,
gibt es eine Vielzahl an Vorgaben und Empfehlungen (z. B [105]). Damit kann die Umsetzung anhand evaluierbarer Größen zur Gebrauchstauglichkeit wie Effektivität, Effizienz oder
der Zufriedenheit der Nutzer gemessen werden. Die erstellte Testumgebung ist unter anderem
auf der Basis dieser Anforderungen entstanden (siehe hierzu [101,106]). Der Aufbau und die
Integration von Modulen und Methoden werden in Kapitel 6.1 vorgestellt. Um den ganzheitlichen Ansatz zu gewährleisten, greift das Verfahren neben den bereits vorgestellten Methoden,
Definitionen und Beschreibungen auf bestehende Grundlagen und Werkzeuge zurück. Es
kommen mehrere Programmiersprachen[33] zum Einsatz. Die Werkzeuge und Module sollen
für den Anwender ohne tiefgreifendes Wissen über die Testumgebung und über diagnostische
Abläufe anwendbar und eindeutig interpretierbar sein.

---

[33] Auszug der verwendeten Programmiersprachen in dem „Verfahren zur Analyse und zum Test von
Fahrzeugdiagnosesystemen im Feld":

C: Mikrokontroller (Phytec-Evaluation-Board)

C#:   Blocksequenzer in samdia zur Diagnoseinterfacesteuerung

Java: Erstellen einer GUI für den Anwender, Werte-Umrechner, Oszilloskop

VBS: Aufbau Anwenderoberfläche in samdia

VBA: Excel Auswertungen, Aufbau der Datenbank „CAN-Analyse-DB"

4.2.4 Reproduzierbarkeit anhand editierbarer Datenbanken

Eine Analyse oder auch ein Test kann und darf als reproduzierbar beschrieben werden, sofern die zugrunde liegenden Umgebungsbedingungen, der Versuchsaufbau und die Beschreibung des gewählten Vorgehens mit einhergehenden Erkenntnissen transparent dargestellt und jederzeit wieder abrufbar sind. Dies setzt voraus, dass Konfigurationen und Testfälle mittels einer Datenbank festgehalten und zugleich wieder bereitgestellt werden können. Die Struktur in Bild 4.9 zeigt – neben der Integration der zuvor eingeführten Module – die Einbindung von Datenbanken. Ferner zeigt Bild 4.9 den exemplarischen Aufbau einer Datenbank.

Die Konfiguration beschreibt die Verschaltung der Verbindung mit dem Diagnose Interface, je nach Betriebszustand von Fahrzeug und Diagnosewerkzeug oder des entsprechenden Teilnehmers. Der Testfall steht, zugehörig zur Konfiguration, parallel zur Verfügung. Dies kann ein modulares Element oder eine spezifische Anpassung davon sein. Die oberen Ebenen der Datenbank sind fest untergliedert in Fahrzeugart, Hersteller, Typ, Variante und System (siehe Bild 4.9). Da bei verschiedenen Herstellern die Bezeichnungen variieren, ist darüber hinaus eine variable Gliederung in Abhängigkeit vom vorliegenden System und Testfall erforderlich. Dieser Vorgang kann in Java grafisch anhand sogenannter JTrees umgesetzt werden.

Da Konfigurationen und/oder Testfälle ab einer beliebigen Ebene ihre Gültigkeit global besitzen können, müssen diese den unteren Ebenen zur Verfügung stehen. Durch eine Kennzeichnung der Ursprungsebene bei der Darstellung (mit eckiger Klammer und grau) können diese von tieferen Ebenen genutzt werden. Zur Wahrung der Datenkonsistenz ist es nur möglich, diese in abgeänderter Form zu speichern. Bei der Analyse ist der Zugriff auf das Bussystem beispielsweise bei jedem Typ, jeder Variante sowie auf den folgenden Ebenen eines Modells gleich, mit der Folge, dass ab der Ebene Typ eine gemeinsame Konfigurationsdatei genutzt werden kann.

Die Ausführung der Datenbanken als komprimierbare XML-Dateien ermöglicht geringe Ladezeiten beim Öffnen und praktikable Dateigrößen. Wie zuvor beschrieben wird dadurch zudem eine variable Struktur geschaffen. Eine Ablage mittels des Kalkulationsprogramms Microsoft Excel ist hierdurch indes nicht möglich. Absicherungen zur Wahrung der Datenkonsistenz, beispielsweise durch Abfragen einer eindeutigen Identifikation beim Anlegen neuer Strukturen, sind zwingend erforderlich, um erfolgreich zu sein. Die detaillierte Darstellung des Aufbaus und der verwendeten Methoden, Klassen, Variablen und Konstanten mittels Programmablaufplänen und Beschreibungen ist in [106] ausgeführt.

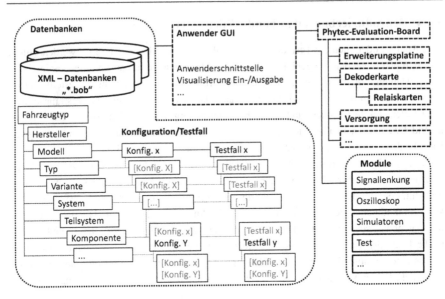

Bild 4.9: Anbindung und Aufbau Datenbank in XML-Format

Bild 4.10 zeigt die umgesetzte Eingabeoberfläche. Die Bezeichnung Testsequenz ist an dieser Stelle für die integrierten Module nicht ausdrücklich als Test zu verstehen. In Verbindung mit einer Konfiguration, die die Signalleitungen der fahrzeug- oder testerseitigen Belegung dem Diagnose-Interface oder dem Oszilloskop zur Verfügung stellt, sind hier Elemente zur Analyse zu platzieren.

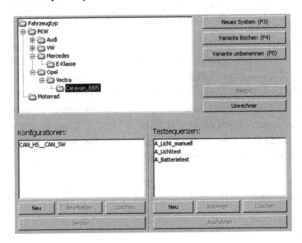

Bild 4.10: Datenbank mit Konfigurationen und Testsequenzen [101]

4.3 Analyse der Kommunikation und des Dateninhalts

Parallel zu der in Kapitel 4.2 vorgestellten Analyse der Belegung und Verbindung zeigt dieses Kapitel die Zusammenhänge der Integration der modularen Elemente sowie die Schnittstelle zum Anwender schematisch auf. Die Matrix zum Signal-Routing ermöglicht, Inhalte mittels Mehrkanaldiagnose-Interface [92] aufzuzeichnen und darzustellen. Weiterhin können partielle Steuergerätesimulationen als Fahrzeugersatz oder die Stimulation als Ersatz eines Diagnose-werkzeugs umgesetzt werden. Dies ist in Verbindung mit weiteren Modulen vorgesehen. Auf dieser Basis kann im nächsten Schritt die Analyse der Kommunikation und des Dateninhalts erfolgen. Dieser Vorgang wird in den folgenden Unterkapiteln vorgestellt und beschrieben.

4.3.1 Visualisierung der Inhalte

Die Darstellung der Pegel und Signale eines Bussystems mittels Oszilloskop führen zu ersten Aussagen (sofern ein Signal vorhanden ist: Pegel, Baudrate etc.). Der Inhalt von Botschaften und zugehörigen Nachrichten sollte entsprechend der oberen Schichten von Referenzmodellen interpretiert und dargestellt werden können. Hierbei kommt in dieser Arbeit ein Mehrkanaldi-agnose-Interface der Firma samtec [92] zum Einsatz. Darauf aufbauend stellt samtec die zu-gehörige Softwareanwendung samDia [93] mit Funktionen zur Aufbereitung, Darstellung, Echtzeitsimulation, Restbussimulation, Protokollintegration und weiteren Anwendungsmög-lichkeiten zur Verfügung. Darüber hinaus gibt es Produkte, die ähnliche Funktionsumfänge für den hardwareseitigen Zugang, die Aufbereitung und softwareseitige Darstellung mit ent-sprechender Anwendung anbieten und hierfür eingesetzt werden können, zum Beispiel [107,108,109,110].

Die Software samDia bietet ferner die Möglichkeit, in den sogenannten Blocksequenzer C-Skripte zur Ablaufsteuerung und VBS-Skripte für Anwenderoberflächen zu integrieren. Da samtec bei den angebotenen Softwarekomponenten auf einen modularen Aufbau setzt, kann eine Entwicklung, Integration, Anpassung und Erweiterung mit den Zielen dieser Arbeit in Verbindung gebracht werden. Bild 4.11 zeigt einen mit samDia dargestellten Ausschnitt einer Kommunikation. Wie in den folgenden Kapiteln beschrieben, bietet sich diese ungefilterte Darstellung an, um darauf aufbauend diverse Schritte auszuführen.

Bei der Auswahl von Transportprotokollen bietet samDia in Verbindung mit Konfigurati-onsparametern und Anwenderwissen zu einem gewissen Grad eine aufbereitete Darstellung des übertragenen Nachrichteninhalts an. Voraussetzung ist, dass der Anwender über globales und spezifisches Systemwissen sowie über diagnostisches Fachwissen verfügt.

1	< 12:19:05.520.632	23.5	s	7df	02 01 00 00 00 00 00 00
2	< 12:19:05.522.047	1.4	ms	7e9	06 41 00 80 00 00 01 aa
3	< 12:19:05.546.732	24.6	ms	7e8	06 41 00 be 5f e8 13 00
4	< 12:19:07.417.044	1.8	s	7df	02 01 00 00 00 00 00 00
5	< 12:19:07.417.909	865	µs	7e9	06 41 00 80 00 00 01 aa
6	< 12:19:07.436.561	18.6	ms	7e8	06 41 00 be 5f e8 13 00
7	< 12:19:08.638.226	1.2	s	7df	02 01 00 00 00 00 00 00
8	< 12:19:08.639.763	1.5	ms	7e9	06 41 00 80 00 00 01 aa
9	< 12:19:08.656.250	16.4	ms	7e8	06 41 00 be 5f e8 13 00
10	< 12:19:10.822.612	2.1	s	7df	02 01 00 00 00 00 00 00
11	< 12:19:10.823.635	1	ms	7e9	06 41 00 80 00 00 01 aa

Bild 4.11: Ungefilterter Trace eines CAN HS (erfasst mit samDia)

4.3.2 Analyse protokollspezifischer Parameter

Auf der Basis der erfolgten Analyse der Belegung, Pegel und Baudrate können, wie in Kapitel 4.2.1 aufgezeigt, protokollspezifische Parameter und Muster analysiert werden. Dies geschieht in Verbindung mit der Zuordnung der entsprechenden Bussysteme zu den Pins der Schnittstelle, analog zu den höheren Schichten von Referenzmodellen. Das ist beispielsweise möglich, wenn kein herstellerspezifisches Protokoll oder Signal (PWM) eingesetzt wird. Siehe hierzu auch Kapitel 4.3.1.

Grundlage der Analyse, beispielsweise mittels eines VBA-Skripts in Excel, ist ein erfasster und aufbereiteter Mitschnitt der Kommunikation auf dem Bussystem. Bei der Analyse des Gesamtsystems, oder aber nur des Fahrzeugs, wird die Kommunikation in Verbindung mit der entsprechenden Verschaltung der Relais vom Diagnose-Interface erfasst. Das Ergebnis kann wie bei dem in Bild 4.11 dargestellten Ausschnitt vorliegen. Die Auswertung von Busdaten mit Zuordnung zu einem Übertragungsprotokoll und die Analyse der Dateninhalte hinsichtlich der übermittelten Werte und Größen setzen voraus, dass eine Referenz zur Verfügung steht. Dies sind hauptsächlich die in Kapitel 2.2 vorgestellten Vorgaben aus Normen und Regelwerken. Der in Bild 4.12 gezeigte Ablauf ermöglicht neben der allgemeinen Darstellung mit zugehöriger Interpretation der Inhalte die Prüfung spezieller Parameter auf Einhaltung von Vorgaben.

Für den Import ermöglicht die Kategorisierung die eindeutige Zuordnung (Aufbau des Headers, CAN ID kleiner 700 etc.). Nachdem dies erfolgt ist und das Bussystem, die Adressierung und das Protokoll zugeordnet sind, müssen anhand weiterer Kriterien die Diagnosedaten nach Normvorgaben aufbereitet werden. Die für den Anwender zur Verfügung stehende GUI erfordert darauf aufbauend folgende Optionen und Möglichkeiten: Einlesen, Filtern/ Darstellen, Analysieren, Prüfen und Visualisieren (Modes und PIDs etc.), Darstellen von Fehlern und Protokollverletzungen, Protokollfunktionen sowie Hinweise zur Handhabung für den Anwender. Ein Protokoll, das in beliebiger Ausführung bereitgestellt werden kann, bietet neben der Möglichkeit zur Bewertung auch einen Überblick über zur Verfügung stehende Dienste und Auswertungen hinsichtlich möglicher Protokollverletzungen.

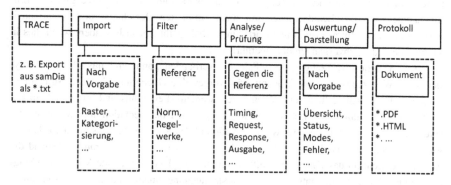

Bild 4.12: Bussystem-/protokollspezifische Auswertung und Protokollierung

Dies kann beispielsweise bei Mode $01 auf der Basis der Hex-Nachricht zur Abfrage der unterstützen PIDs ($01 $00) die zugehörige Antwort mit den belegten und verfügbaren PIDs sein (siehe Kapitel 5.2.2). Diese Antwort zeigt möglicherweise eine Reihe von Imponderabilien hinsichtlich des Timings oder der Dateninhalte auf. Dieser Ansatz wurde im Rahmen von wissenschaftlichen Arbeiten [111,112,113] auf der Grundlage bestehender Ergebnisse praktisch umgesetzt.

4.3.3 Analyse herstellerspezifischer Diagnoseinhalte

Die Analyse und Auswertung genormter Kommunikationsinhalte gestaltet sich, wie in Kapitel 4.3.2 vorgestellt, verhältnismäßig „einfach". Diese Aussage hat Anspruch auf Gültigkeit, sofern vorausgesetzt wird, dass bei der Analyse herstellerspezifischer Kommunikationsinhalte keine Dokumente wie Applikationsleitfäden oder Ähnliches zur Verfügung stehen. Zur Identifikation potentiell relevanter Nachrichteninhalte kann somit keine Referenz herangezogen werden. Ein methodisches Vorgehen auf der Basis statisch vorliegender Busdaten führt nicht zum Erfolg. Entwicklungsumgebungen ermöglichen es, bei den Botschaften die Nutzdaten darzustellen. Die für den Anwender relevanten Größen und Skalierungen befinden sich in den Nutzdaten einer Nachricht. Die Analyse von bus- und protokollspezifischen Parametern, wie Payload, Sync-Bytes oder der Cyclic-Redundancy-Code (siehe [23]), steht nicht im Fokus der Betrachtung. Steht dem Anwender ein Diagnose-Interface zur Verfügung, das den Eingriff in die Kommunikation zwischen Fahrzeug und Diagnosewerkzeug zulässt, kann das Systemverhalten anhand der werkzeugseitigen Reaktion in Verbindung mit einer Einflussnahme auf den Nachrichteninhalt analysiert werden.

Hinweis: Hierbei ist explizit anzumerken, dass die Datenrichtung nur einseitig in Richtung Diagnosewerkzeug beeinflusst werden sollte! Werkzeuge zeigen bei unerwarteten Nachrichten einen Fehler an oder brechen die Kommunikation ab. Bei der fahrzeugseitigen Einflussnahme kann das Beaufschlagen mit nicht definierten Botschafts- und Nachrichteninhalten zu Fehlereinträgen und unerwartetem Verhalten führen, insbesondere wenn dies in Verbindung mit Flashvorgängen durchgeführt wird.

Ist das Diagnosewerkzeug mit dem Fahrzeug verbunden, kann durch das alleinige Analysieren des Werkzeugs eine wie in Kapitel 5.4 vorgestellte Gliederung über den Aufbau und Umfang diagnostisch verfügbarer Größen erstellt werden. Hierzu muss in Form von Abfragen aller Menüs und Funktionen des Diagnosewerkzeugs eine Dokumentation über Werte, Wertebereiche und Skalierungen erstellt werden. Aufgrund des Request-Response-Prinzips kann – sofern der richtige Ausschnitt des Busverkehrs herangezogen wird – darauf aufbauend die Anfragenachricht an das Fahrzeug ermittelt werden. Das hier dargestellte Vorgehen ermöglicht, mittels Filterung und entsprechender Darstellung eine direkte Zuordnung vorzunehmen. Hierbei kann eine vereinfachte Darstellung mittels der ID-Filterung gewählt werden, die fahrzeugseitig mehr Transparenz ermöglicht.

Die Antwort des Fahrzeugs referenziert definiert bei den meisten Protokollen[34] auf den Inhalt der Anfrage. Somit besteht die Möglichkeit, auch diese Botschaften und Nachrichten zu identifizieren. Darauf aufbauend können mittels des in Bild 4.13 dargestellten Vorgehens einzelne Bytes und Bits der Antwort in geänderter Form an das Diagnosewerkzeug gesendet werden. Mit Hilfe definierter Vorgehensweisen kann abschließend die byte- und bitweise Analyse erfolgen.

In Abhängigkeit der Komplexität der Inhalte gestaltet sich die Analyse und Darstellung beliebig diffizil. Dies ist beispielsweise der Fall, wenn Werte über mehrere Bytes übermittelt werden, Skalierungs- und Offset-Faktoren implementiert sind und/oder nichtlineare Verläufe übermittelt werden oder Multiplexverfahren[35] zum Einsatz kommen. Bild 4.14 zeigt exemplarisch das Vorgehen. Das in Kapitel 4.3.4 vorgestellte Vorgehen behandelt diese Thematik hinsichtlich der Interpretation mit zugehöriger Darstellung.

---

[34] Beispiel CAN, ISO-TP (KWPonCAN) nach ISO 15765 [26]: Auf den Request (eigene ID), bestehend aus DLC, Mode und PID wird als Positive-Response nach dem entsprechenden DLC der Wert $40 auf den Mode aufaddiert, die PID wiederholt und die jeweiligen Inhalte im Anschluss gesendet. Bei der Analyse herstellerspezifischer Diagnoseinhalte hat die Analyse bei einem Opel Astra Sports Tourer (HSN: 0035, TSN: ANN) ergeben, dass dies ebenfalls zutrifft und dass beispielsweise auf den Dienst $1A die $5A als Bestätigung folgt.

[35] Eine Nachricht kann mehrere Botschaften in einem Byte/Bytes in Abhängigkeit eines anderen übermitteln. Beispielsweise in Abhängigkeit des zweiten Bytes einer Nachricht folgen für Byte 3 und Byte 4 entweder Temperaturen oder Drehzahlen. Je mehr Informationen mit einer Nachricht übermittelt werden, desto geringer wird die Auflösung für jedes einzelne Signal.

Das in Bild 4.13 dargestellte Schema zeigt, dass der physikalische Zugriff auf die Verbindung zwischen Fahrzeug und Diagnosewerkzeug vorzunehmen ist, um die Kommunikation zu analysieren oder zu beeinflussen. In Verbindung mit der in Kapitel 4.2.2 vorgestellten Methode zum Signal-Routing kann die Verbindung der relevanten Bussysteme getrennt und einem Mehrkanaldiagnose-Interface zugeführt werden. Die einfache Funktion eines Gateways, welches die Inhalte der getrennten Verbindung jeweils routet und weiterleitet, stellt wissenschaftlich und technisch keine Neuerung dar [29,112] und bietet zunächst auch keine Vorteile. Es ist jedoch die Grundlage für das weitere, darauf aufbauende Vorgehen.

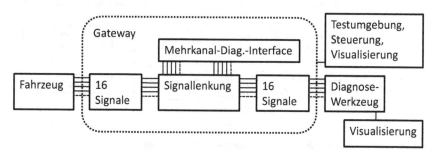

Bild 4.13: Schematischer Aufbau Gateway zur Analyse der Kommunikation

Wird die Kommunikation mittels Diagnose-Interface sichtbar dargestellt (Bild 4.11), kann keine Richtung festgestellt und somit auch keine Zuordnung zu Fahrzeug und Diagnosewerkzeug vorgenommen werden. Der Betrieb mittels Gateway ermöglicht die Zuordnung. Durch das automatisierte Setzen von intelligenten Sperr- und Durchlassfiltern können die nicht relevanten Nachrichten optisch ausgeblendet werden. Hierzu müssen die IDs und Nachrichten des Fahrzeugs ohne angeschlossenes Diagnose-Interface erfasst und dokumentiert werden. Im Anschluss daran können diese bei der Analyse des Inhalts zwischen Fahrzeug und Diagnosewerkzeug ausgeblendet werden. Somit sind nur die für die Analyse relevanten Inhalte sichtbar. Sofern der ID und die Nachricht eines herstellerspezifischen Dienstes identifiziert werden sollen, kann das Vorgehen analog erfolgen, wobei die Identifikation somit sichergestellt ist. Alternativ kann neben dem Ausblenden mittels Filterung ein Vergleich der Nachrichten erfolgen. Dieses Vorgehen ähnelt dem Prozess des Vergleichens von Quelltexten mittels Softwareanwendungen, um Änderungen aufzuzeigen.

Um Fehlermeldungen zu vermeiden, die gegebenenfalls zu einem Abbruch der Kommunikation führen können, müssen protokollspezifische Randbedingungen beachtet werden. Die Datenflusssteuerung (Flow-Control) oder sogenannte Idle-Nachrichten können jeweils durchgeleitet (geroutet) werden. Bei angepassten Nachrichten müssen die Nachrichtenzähler ebenfalls unverändert übertragen werden (Bild 4.14). Diese beinhalten meist zugleich die Information, inwieweit sich Nutzdaten über mehrere Nachrichten erstrecken.

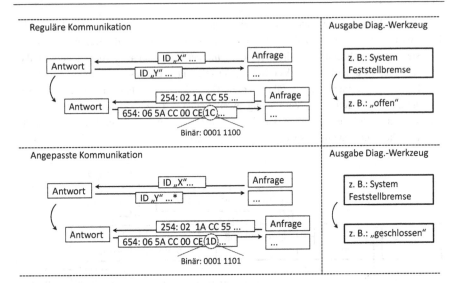

Bild 4.14: Manipulation der fahrzeugseitigen Kommunikation zur Analyse

Bei der Analyse der Nachrichteninhalte ist sicherzustellen, dass die Änderung in direktem Zusammenhang mit dem auf dem Diagnosewerkzeug angezeigten Wert steht und nicht zugleich Einfluss auf weitere Werte hat. Ferner ist sicherzustellen, dass Faktoren und Skalierungen mit den jeweiligen Wertebereichen richtig analysiert werden. In der Praxis können einzelne Bytes als Faktor für einen Wert fungieren. Dargestellt wird dies in einem weiteren Byte oder in mehreren Bytes. Dies kann durch Absicherungen und Querprüfungen oder durch das Erfassen mittels mehrerer Stützstellen erfolgen. Bei nichtlinearen Werten, häufig Lenkwinkel oder Bremspedal, sind ohnehin spezifische Untersuchungen der Bytes zur Analyse des Signals erforderlich. Nach der Identifikation der relevanten Bytes einer zu entschlüsselnden Botschaft bringt das Vorgehen mittels Wertetabelle bei nicht trivialen Zusammenhängen meist eine zufriedenstellende Transparenz.

Die Schnittstelle zum Anwender in Form einer GUI ist in Kapitel 6.3 für das fahrzeugseitige Dialogfenster dargestellt. Die Umsetzung der Funktionen zur ID-Filterung oder der Möglichkeit, Bytes, die Zähler beinhalten, nicht zu berücksichtigen, wird hiermit veranschaulicht. In [114] werden Programmablaufpläne und weitere Randbedingungen zur Umsetzung mittels samDia vorgestellt.

4.3.4 Trace-Analyse und Dokumentation

In Kapitel 4.3.2 werden die Analyse und Dokumentation von genormten Diagnoseinhalten vorgestellt. Hierbei kann eine Erfassung nach Zeiten, Modes, IDs, Bytes, Einheiten, Wertebereichen, Min-/Max-Werten oder aber nach Durchschnittswerten gegliedert werden. Bei dem Vorgehen nach Kapitel 4.3.3 ergeben sich aufgrund der Daten mehrere Freiheitsgrade, die bei der Erfassung und Dokumentation zu berücksichtigen sind. Die Industrie bietet zur Feldbusanalyse frei konfigurierbare Werkzeuge (exemplarisch [115]) an, um Inhalte zu visualisieren und zu analysieren. Diese Produkte bieten jedoch nicht die Möglichkeit, Datenbankinhalte, wie im Folgenden dargestellt, anzulegen und bestehende Busfragmente zu integrieren und zu analysieren. Weiterhin ist eine derartige Bearbeitung und Integration in die bestehenden Abläufe nicht möglich. Das zeigt auch die Integration der Analyse bei Fragestellungen zur HU mittels HUA (siehe Kapitel 5.4). Der Aufbau mit Schnittstellen und einigen wesentlichen Randbedingungen und relevanten Größen ist vereinfacht als Ablauf in Bild 4.15 dargestellt.

Jeder Schritt gliedert sich in mehrere Unterschritte. Bei der Filterung periodischer Nachrichten sind diverse Auswahloptionen zu berücksichtigen, um alle notwendigen Nachrichten zu übernehmen. Bei Datenbankeinträgen werden sowohl in einer Nachricht als auch in mehreren zusammenhängenden Nachrichten oft mehrere Botschaften übertragen. Deren jeweilige Randbedingungen, wie zum Beispiel Skalierung oder Faktor, sind zu berücksichtigen.

Da Botschaften teilweise über mehrere Nachrichten übertragen werden können, ist die strukturierte Option zur Darstellung in Verbindung mit einem definierten Prozess beim Eintragen unerlässlich. Die Inhalte liegen üblicherweise in HEX-Darstellung vor. Diverse Optionen zur Darstellung in ASCII, BIN und DEZ, auch über mehrere Bytes, vereinfachen die Analyse erheblich und ermöglichen oft die direkte Interpretation. Dies ist insbesondere dann der Fall, wenn beispielsweise eine ID ausgehandelt wird oder ein Messwert direkt oder nur mit einem Offset übertragen wird. Eine automatisierte Analyse von Busdaten ist nicht möglich. Mit Hilfe dieses heuristischen Vorgehens kann die Analyse mit systembedingt begrenzt zur Verfügung stehendem Wissen – im Gegensatz zu häufig angewendeten „trial and error" Prinzipien – strukturiert begleitet und ausgeführt werden. Weitere hilfreiche Werkzeuge werden in Kapitel 4.3.5 vorgestellt. Die praktische Umsetzung und Analyse der zuvor beschriebenen Inhalte (Anhang - Tabellen) ist anhand verschiedener Fahrzeuge auf der Basis diverser vorliegender Busmitschnitte und jeweiliger Fragmente mit spezifischen Abfragen und Werten in [114] praktisch umgesetzt und dargestellt.

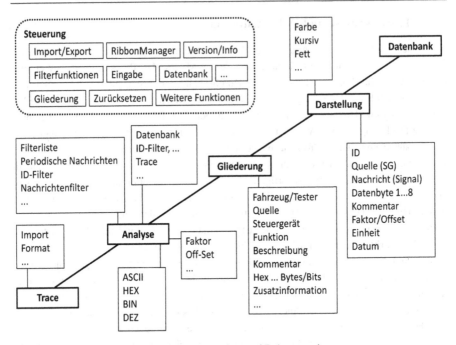

Bild 4.15: Steuerung und Elemente zur Trace-Analyse und Dokumentation

4.3.5 Auswertung mittels weiterer Ansätze

Die in den vorherigen Unterkapiteln vorgestellten theoretischen Ansätze und Werkzeuge setzen eine umfängliche Testumgebung voraus, die mit dem Anwender interagiert. Diese Testumgebung beinhaltet unter anderem das Signal-Routing, ein Mehrkanaldiagnose-Interface zur bedarfsgerechten Versorgung sowie die zugehörigen Ablauf- und Prozessbeschreibungen. Hierbei zeichnet sich sowohl bei der Umsetzung, als auch bei der Anwendung ab (in Kapitel 6 vorgestellt), dass die Interaktion des Anwenders erheblichen Einfluss auf die Abläufe und Ergebnisse hat. Auf den ersten Blick zeigt sich, dass trivial erscheinende Werkzeuge die Umsetzung und Anwendung komplexer Abläufe erheblich vereinfachen.

Steht dem Anwender bei einer Testumgebung der Zugriff auf die fahrzeug- und testerseitigen Pins der Belegung mit Buchsen zur Verfügung, so kann mittels eines Voltmeters, das auf dasselbe Potential Zugriff hat, eine schnelle Analyse der Belegung erfolgen. Die Auswertung mittels Oszilloskop kann darauf aufbauend vorgenommen werden. Wenn bei einem Pin der Wert um 2,4 Volt oder 3,6 Volt pendelt, liegt vermutlich ein CAN-HS-Signal an. Bei der Umrechnung zwischen den Zahlensystemen stehen dem Anwender bereits eine Vielzahl an Werkzeugen zur Verfügung. Auf jedem PC mit Windows-System ist beispielsweise der

Rechner in der wissenschaftlichen Ansicht installiert. Bild 4.16 zeigt eine einfache Ausführung, die für die schnelle Analyse im Rahmen dieses Verfahrens mittels „.NET Framework 2.0"[36] aufgebaut wurde. [114]

Die Anpassungen im Vergleich zu bestehenden Werkzeugen erleichtern die Anwendung in der Praxis signifikant. Die Anpassungen beziehen sich auf das Einfügen von Leerzeichen nach vier Stellen bei der binären Darstellung, also auf das „Auffüllen" mit Nullen, um von HEX-Bytes die acht Bits darstellen zu können. Weiterhin beziehen sich die Anpassungen auf die Anzeige der Anzahl der Stellen bei der eingegebenen Zahl oder auf die Möglichkeit, Inhalte auch kopieren zu können. Ebenso hilfreich ist die Auswahl „Immer im Vordergrund", damit eine weitere formatfüllende Anwendung auf dem kompletten Bildschirm betrieben werden kann. [114]

Bild 4.16: Einfache Ausführung eines Rechners [101]

Die Umsetzung mittels drei Klassen und wenigen Zeilen Quelltext bietet gegenüber frei verfügbaren Werkzeugen lediglich Vorteile hinsichtlich des Bedienkomforts. Soll hingegen die spezifische Analyse von CAN-Nachrichten hinsichtlich des Inhalts mit Darstellung und Interpretation erfolgen, gestaltet sich die Umsetzung komplexer. Hierbei ist bei der Interpretation und Darstellung die Abhängigkeit des zugrundeliegenden Prozessors (Intel oder Motorola) hinsichtlich des MSB und des LSB zu berücksichtigen. Bild 4.17 zeigt die Anwenderoberfläche, die zweigeteilt die Analyse derartiger Fragestellungen ermöglicht.

Im oberen Bereich der Anwendung erfolgt die Darstellung der HEX-Daten einer CAN-Nachricht in anderen Zahlenformaten. Der untere Bereich ermöglicht unter Berücksichtigung des Data-Length-Code (DLC) – im dargestellten Fall vier Bytes – die bitgenaue Ausgabe einer Botschaft als Dezimalwert. Dies unter Berücksichtigung der aufgeführten Größen wie

---

[36] Softwareplattform, die von Microsoft für die Entwicklung und darauf aufbauende Ausführung von Anwendungen zur Verfügung steht. Die Laufzeitumgebung unterstützt verschiedene Programmierschnittstellen und Sprachen und stellt Services bereit.

Faktor, Offset, Vorzeichen (natürliche Zahl oder Ganzzahl) sowie der Darstellung als IEEE 754-Format[37] (single mit 32 bit, double mit 64 bit). [101]

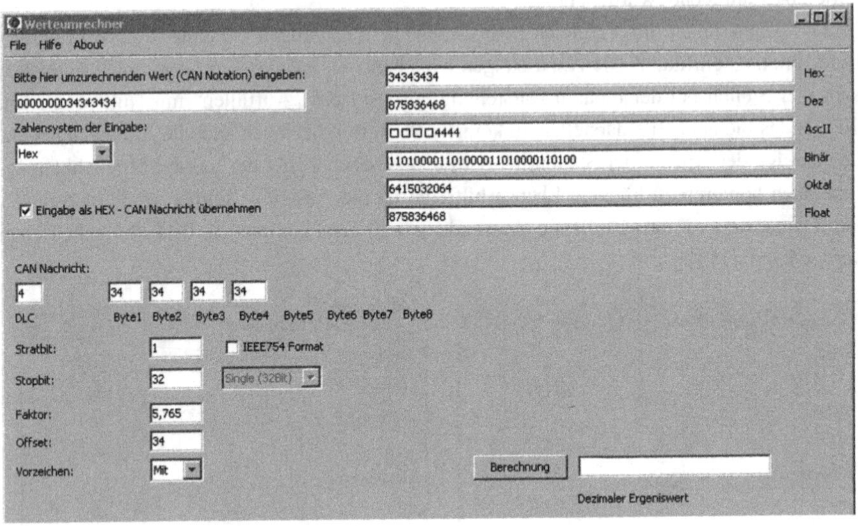

Bild 4.17: Umrechner CAN spezifisch [101]

Wie in Kapitel 3.3 aufgezeigt, kann zwischen Analyse und Test oft keine harte Grenze gezogen werden. Daher kommen Elemente dieses Kapitels zugleich bei dem im Folgenden vorgestellten systematischen Test vor (siehe Kapitel 5). Zugleich werden Elemente wie die Protokollierung ebenso bei der Analyse genutzt. Exemplarisch ist anhand eines HTML-Protokolls in Anhang - Visualisierungen (Bild A.10) ein Beispiel beigefügt.

---

[37] IEEE 754: Ein vom Institute of Electrical Engineers (IEEE) entwickelter Standard. Der IEEE-Standard definiert eine (binäre) Gleitpunkt-Arithmetik und regelt die benutzbaren Datenformate und Rundungsvorschriften. Weiterhin werden die Ausnahmesituationen wie Bereichsüberlauf und dergleichen behandelt. Intel setzt diesen Standard in seinen Prozessoren um. [136]

5 Systematischer Test

"Durch Testen kann man stets nur die Anwesenheit,
nie aber die Abwesenheit von Fehlern beweisen."

Edsger Wybe Dijkstra

In Kapitel 3 wird eine Gliederung für das Gesamtsystem Fahrzeug und Diagnosewerkzeug mit Anwender vorgestellt. Darüber hinaus werden die methodische Analyse und der systematische Test definiert, gegliedert und abgegrenzt. Um die im Rahmen dieses Verfahrens vorgestellten Testumfänge in Verbindung mit der in Kapitel 6.1 vorgestellten Testumgebung und den Ergebnissen aus Kapitel 4 übersichtlich zu behandeln, bietet sich folgende Gliederung an: Grundsätzlich wird zwischen normkonformen und herstellerspezifischen Testumfängen unterschieden. Diese Aufteilung wird auch in Kapitel 2 analog angeführt. Darauf aufbauend lassen sich ergänzend diese beiden Themen in die fahrzeugseitige und testerseitige Betrachtung einteilen. Diese Form der Aufteilung ist gleichfalls bei der Analyse ausgeführt.

Da der Begriff des Testens eng mit Prozessen, Ablaufbeschreibungen sowie mit zugehörigen Szenarien verknüpft ist, werden parallel Ablaufbeschreibungen in Bezug auf die jeweilige Fragestellung vorgestellt. Einflussfaktoren und gegebene Randbedingungen, wie zum Beispiel die Prüftiefe oder die Wahrscheinlichkeit von Fehlerbildern, werden jeweils berücksichtigt. Vor dem Hintergrund der Anforderung an reproduzierbare Methoden und Prozesse wird unter anderem für jede Anwendung das modulare Vorgehen zugrunde gelegt.

5.1 Test der normkonformen fahrzeugseitigen Auslegung

Der Test der normkonformen Auslegung eines Fahrzeugs ist durch die Vorgaben aus Normen und Regelwerken (Kapitel 2.2) hinsichtlich der Inhalte, der Auflösung, des Zeitverhaltens und dergleichen mehr abgesichert. Somit kann der Test auf der Basis der Analyse und Auswertung von Kommunikationsinhalten zwischen Fahrzeug und Diagnosewerkzeugen erfolgen. Das Vorgehen wird im Rahmen der Analyse in Kapitel 4.3.2 vorgestellt. Hier lässt sich prüfen, inwieweit die Vorgaben der Norm auf der Basis der vorliegenden Inhalte korrekt implementiert wurden und verbindend mit welchen Randbedingungen die Kommunikation stattgefunden hat.

Es kann nicht nachgewiesen werden, ob zulässige Varianten der Norm bei Fahrzeug und/oder Diagnosewerkzeug ebenfalls funktionieren. Ein Beispiel hierzu ist die Möglichkeit, nach ISO 15031 Teil 5 [16] bei Mode $01 pro Nachricht einen PID abzufragen. Diese Ausführung ist bei den meisten Diagnosewerkzeugen implementiert. Nach Norm ist es jedoch genauso möglich und gültig, mit einer Nachricht mehrere PIDs abzufragen. Ein weiteres Beispiel ist beim Bussystem K-/L-Line die Art des Kommunikationsaufbaus. Die Reizung darf nach Normvorgaben als Fast-, aber auch als Slow-Init ausgeführt werden. Beim Fahrzeug darf nur ein Bussystem und Transportprotokoll implementiert sein. Eine volle Abdeckung dieser Inhalte kann somit nur sichergestellt werden, wenn ein frei editierbares Diagnosewerkzeug alle nach Norm zulässigen Varianten ausführen kann. Hierbei können auch nicht zulässige Parameter, Abfragen und Zeitverletzungen beaufschlagt werden, um die jeweilige Reaktion des Fahrzeugs zu untersuchen. Die gewonnenen Erkenntnisse können, analog zu der bereits vorgestellten Analyse, im Anschluss ausgewertet werden.

Wichtig ist der Hinweis, dass die unkontrollierte Beeinflussung der Daten fahrzeugseitig zu unerwarteten Reaktionen und Fehlereinträgen führen kann.

5.1.1 Testen der Kommunikationsinhalte und -umfänge

Ein Nachweis zur normkonformen Implementierung der Funktionen im Fahrzeug kann nur erbracht werden, wenn ein Werkzeug zur Verfügung steht, das sämtliche Varianten der Norm testerseitig ausführen kann. Die Umsetzung eines derartigen Werkzeugs mittels LabView wurde in zwei begleitenden wissenschaftlichen Arbeiten [116,117] nach dem in Bild 5.1 dargestellten Ansatz vertieft.

Der gewählte Ansatz basiert auf einem modular erstellten dreiteiligen Werkzeug. Ein Treiber-/Interpreterbaustein ermöglicht die Aufbereitung der Daten verschiedener Interfacetreiber. Im zweiten Schritt können die Daten in einem definierten Format zwischengespeichert werden. Das dritte Element, der Tester, stellt die Anwendung mit Darstellung und Steuerung dar. Dieser greift auf erstellte Ressourcen zurück, beispielsweise Norminhalte, dargestellt in Excel. Das Testerelement dient hierbei, ergänzend zur Ausführung von kommerziell verfügbaren Produkten, zur Darstellung diverser Varianten der Norm hinsichtlich der zuvor beschriebenen zulässigen Ausführungen. Neben den Inhalten umfasst dies exemplarisch auch das Format beziehungsweise den Wertebereich des Identifiers. Das bedeutet bei CAN die Ausführung „Normal" mit 11 bits oder „Extended" mit 29 bits. Alternativ ist dies die Ausführung bei Mode $01 (SID), die Darstellung der nach Norm vorgesehenen Reservierungen für herstellerspezifische Inhalte oder aber die Integration/Interpretation weiterer Protokolle. Diese umfassen die SAE J1939 oder die WWH-OBD auf der Basis von UDS-Diensten für zukünftige Anwendungen.

Aufgrund des inhaltlich weitreichenden Umfangs der Normwerke, insbesondere der ISO 15031, ist eine Vielzahl an Testfällen zu interpretieren: Test Identifier (TID) bei Mode $05, Monitor Identifier (MID) bei Mode $06, oder aber die möglichen Konfigurationen zur Anordnung von Lambdasonden. In Kapitel 5.2.2 werden diese Elemente vorgestellt. Bei den Schnittstellen zwischen den Interfacemodulen und dem Puffer, dem Diagnosewerkzeug sowie den Ressourcen sind diese Fälle bezüglich der Abdeckung ebenfalls umfänglich zu berücksichtigen.

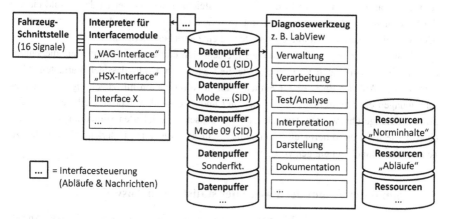

Bild 5.1: Dreigeteilter Aufbau eines Diagnosewerkzeugs zum Test

5.2 Test der normkonformen werkzeugseitigen Umfänge

Der Test der normkonformen Auslegung eines Diagnosewerkzeugs/Prüfgeräts ist prinzipiell analog zum Aufbau des in Kapitel 5.1 vorgestellten fahrzeugseitigen Tests. Sofern nicht die reine Analyse vorliegender Busdaten erfolgt, müssen die Reaktionen des Fahrzeugs in diesem Fall mittels partieller Steuergerätesimulationen abgedeckt werden. Der Aufwand zum Test ist deutlich höher, sofern eine maximal mögliche Prüftiefe abgedeckt werden soll. Dieses Verfahren setzt einen Schwerpunkt auf den Test- und Freigabeprozess von Diagnosewerkzeugen. Die fehlerfreie Validierung dieser Geräte ist von hoher Bedeutung. Sogenannte AU-Prüfgeräte werden bei der Prüfung im Rahmen der Hauptuntersuchung (Kapitel 2.4.1 ff.) eingesetzt. Auf der Grundlage der Vorgaben durch den Geräteleitfaden zur Abgasuntersuchung (Kapitel 2.4.2) erfolgt die Implementierung der Norminhalte und der spezifischen Abläufe. Prüfinstitutionen, wie die DEKRA Automobil GmbH, erteilen für diese Geräte nach erfolgter und bestandener Prüfung eine Freigabe. Somit erfolgt der flächendeckende Einsatz mit großen Stückzahlen in den Niederlassungen der Prüforganisationen im Rahmen der periodischen Hauptuntersuchung. Die Freigabe kann mit den in den folgenden Kapiteln vorgestellten Werkzeugen und Methoden erfolgen. Von Bedeutung ist ein abgesichertes, transparentes und reproduzierbares Vorgehen.

Der Test sämtlicher Funktionen und Normausführungen mit beliebig vielen Fahrzeugen und zugehörigen Fahrzeugvarianten ist im Rahmen einer Freigabe nicht möglich. Da basierend auf einer Gerätefreigabe die Produkte flächendeckend bei vermutlich allen auf dem Markt verfügbaren Fahrzeugen eingesetzt werden, bedarf es eines Ansatzes, der ein repräsentatives Abbild an Simulationen zur Verfügung stellt. Hierbei stellt eine statistisch abgesicherte Abdeckung an Fahrzeugen im Feld ein erstes Prüfelement dar. Ferner ist das Abbild einiger Sonderformen erforderlich. Ein Audi mit Zwölfzylindermotor (Typ A8, 6.0 W12) verfügt beispielsweise über zwei Motorsteuergeräte und ein Getriebesteuergerät.

Ein weiteres, zwingend erforderliches Element sind editierbare Simulationen, die sämtliche nach Norm zulässigen Varianten sowie die nach Norm nicht zulässigen Varianten abbilden können. Auf der Basis dieser Säulen kann in Kombination mit zugehörigen Ablaufbeschreibungen ein repräsentativer, transparenter und insbesondere reproduzierbarer Freigabeprozess durchgeführt werden. Die relevanten statistisch abgesicherten Simulationen werden – ebenso wie die frei editierbaren Simulationen – in den folgenden Unterkapiteln mit den zu beachtenden Randbedingungen vorgestellt. [91,8]

5.2.1 Simulationen auf der Basis einer statistischen Auswahl

Die Grundlage für einen Freigabeprozess für Diagnosewerkzeuge bildet zunächst eine Anzahl von statistisch abgesicherten Steuergeräteabbildern von am Markt befindlichen Fahrzeugen. Die Vorgehensweise sieht hierbei vor, eine möglichst hohe Abdeckung der sich am Markt befindlichen Fahrzeuge zu erzielen. Neben den sogenannten Volumenmodellen sollen auch Sonderformen mit geringen Stückzahlen erfasst werden. Als Sonderformen/Derivate sind Fahrzeuge mit zwei Motorsteuergeräten und einem Getriebesteuergerät und/oder mit spezifischen Lambdasondenanordnungen anzuführen. Das Ziel einer hohen Abdeckung an Fahrzeugen im Feld wird durch den im Folgenden vorgestellten Ansatz erreicht: [91]

Das Kraftfahrt-Bundesamt (KBA) führt unterschiedlichste Erhebungen durch. Diese werden in Form von Statistiken und Tabellen veröffentlicht. Hierbei handelt es sich zum Beispiel um Zulassungs- und Bestandszahlen von Kraftfahrzeugen, diese gegliedert nach Herstellern. Auf der Basis dieser Erhebung kann eine erste Betrachtung hinsichtlich der Verteilung, Gruppierung und Aufsplittung der Fahrzeuge und Typen erfolgen. Für eine größtmögliche Abdeckung an Fahrzeugen im Feld ist es darüber hinaus relevant zuzuordnen, welches Fahrzeug welches Bussystem und Protokoll verwendet. Die DEKRA Automobil GmbH führt interne Statistiken über zur HU vorgestellte Fahrzeuge in Verbindung mit den Daten des KBA. Ergänzend wurden über einen Zeitraum von zwei Monaten mit Hilfe einer wissenschaftlichen Hilfskraft bei den zur HU vorgeführten Fahrzeugen die verwendeten Bustypen und Protokolle je Fahrzeug dokumentiert. Die Zusammenführung dieser Daten im Rahmen des gemeinsamen Forschungsprojekts ermöglicht eine detaillierte Zuordnung und Einteilung. Diese Zuordnung kann beispielsweise nach Hersteller/Typ, untergliedert nach Bauzeitraum, Erstzulassung (EZ) oder nach dem verwendeten Bussystem/Protokoll erfolgen.

Die Fahrzeughersteller können im Produktionszeitraum eines Fahrzeugtyps das Bussystem und Transportprotokoll wechseln (z. B. bei einer Modellpflege). Für die Fahrzeuge, die in der oben beschriebenen Erhebung nicht erfasst werden konnten, bietet sich ergänzend die Einführung einer Gewichtungstabelle an. Diese liefert eine Zahl über das verbaute Bussystem bezogen auf das Baujahr je Typ. Bei Fahrzeugen im Feld betrifft dies die Umstellung des Bussystems K-/L-Line auf CAN. Wird die Protokollebene betrachtet, findet die Umstellung von CARB auf KWP 2000 statt. Ab der Erstzulassung 2010 verfügen nahezu alle Fahrzeuge über CAN. Hintergrund hierfür ist, dass in den USA zur Zertifizierung und Freigabe die OBD mittels CAN zwingend vorgeschrieben ist. Das Unterscheiden und Implementieren von CAN für Exportfahrzeuge (USA) ist nicht wirtschaftlich, weil dies mit zusätzlichen Kosten verbunden ist, sofern für Europa die K-/L-Line vorgesehen ist. Darüber hinaus ermöglicht der CAN höhere Datenraten und erweiterte Funktionen (Mode $06). Zahlreiche Stichproben bestätigen diese Annahme [91].

Das in Bild 5.2 dargestellte Diagramm zeigt auf der Basis der Zahlen aus dem Jahr 2011, dass acht Prozent der Fahrzeuge im Feld über keine OBD-Funktionalitäten hinsichtlich der abgasrelevanten Umfänge verfügen. Dies ist aufgrund des Datums der jeweilig ersten Zulassung zurückzuführen. Nach wie vor erfolgt der Zugriff bei mehr als der Hälfte der zugelassenen Fahrzeuge für die gesetzliche On-Board-Diagnose mittels K-/L-Line in Verbindung mit den Transportprotokollen CARB [118] und zum größeren Anteil KWP 2000 nach ISO 14230 [119]. Die nach SAE J1850 [25] zugelassene Anzahl an Fahrzeugen ist in Deutschland mit vier Prozent relativ gering.

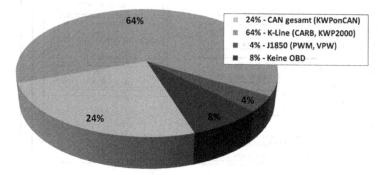

Bild 5.2: Auswertung prozentuale Verteilung der Bussysteme, aus [91]

Die Ergebnisse aus [91] zeigen, dass ein wesentlicher Anteil der Fahrzeuge im Feld von den großen Automobilherstellern abgedeckt wird. Die nach der Anleitung von Bild 5.3 erstellten Simulationen decken nahezu 80 Prozent der – nach KBA-Statistik – am Markt befindlichen Fahrzeuge ab. Ergänzend wurde eine Reihe von Nischenmodellen und Fahrzeugen erfasst, die im Rahmen der Untersuchung bei der HU auffällig waren.

Die Simulationen der einzelnen Fahrzeuge werden erstellt. Diese basieren auf einem Kommunikationsmitschnitt zwischen dem jeweiligen Fahrzeug und einem zertifizierten Diagnosewerkzeug.

Bei Verwendung verschiedener Werkzeuge kann ergänzend eine Funktionsabsicherung vorgenommen werden. Das in Bild 5.3 vorgestellte Schema ermöglicht eine teilautomatisierte Erstellung der partiellen Steuergerätesimulationen. Sofern das Fahrzeug über mehrere, für die gesetzliche OBD relevante Steuergeräte verfügt, ist der Prozess jeweils für jedes SG zu durchlaufen. In [94,117] wird der detaillierte Ablauf für CAN anhand eines Programmablaufplans beschrieben. Für die Bussysteme K-/L-Line und SAE J1850 wird das Vorgehen mittels zugehöriger Excel Makros aufgezeigt. Theoretisch sind modulare Erweiterungen möglich, beispielsweise zum Editieren einzelner Werte. Dies erhöht die Freiheitsgrade jedoch erheblich, sodass kein authentisches, statistisch abgesichertes Steuergeräteabbild mehr gegeben ist. In Kapitel 5.2.2 werden voll editierbare Simulationen vorgestellt.

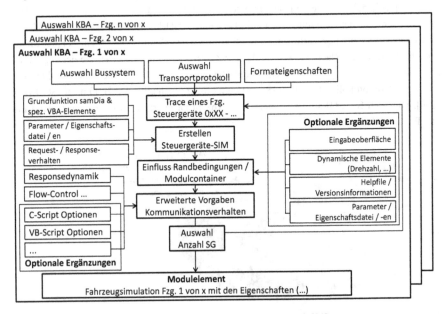

Bild 5.3: Nachbilden von partiellen SG-Simulationen realer Fzg., nach [91]

5.2.2 Generisch editierbare Simulationen von Steuergeräteumfängen

In Kapitel 5.2.1 werden die statistisch abgesicherten partiellen Steuergerätesimulationen von Fahrzeugen im Feld vorgestellt. Bei der Validierung und dem Test von Diagnosewerkzeugen werden neben den Prozessen und Ablaufbeschreibungen ergänzend voll editierbare Simulationen benötigt. Diese ermöglichen, sämtliche nach Norm zulässigen Varianten, Ausführungen und Rahmenbedingungen reproduzierbar auszuführen. Anwendungen wie [120,121] ermöglichen, Teile der Norm in Form einer Simulation nachzubilden, teilweise auch editierbar. Eine Vielzahl derartiger Produkte zielt jedoch nach Beschreibung der Hersteller auch darauf ab, die Abfragen eines Diagnosewerkzeugs beziehungsweise AU-Prüfgeräts nachzubilden. Diese Werkzeuge können mittels des in Kapitel 5.2 vorgestellten Vorgehens sowie der Analyse (Kapitel 4.3.2) relativ einfach identifiziert werden, da meist nur partielle Inhalte der Norm nachgebildet werden. Aktuell sind für Fahrzeuge im Feld sechs protokollspezifische Varianten des diagnostischen Zugriffs im Rahmen der HU zulässig:

- Bussystem K-/L-Line: "CARB",

- Bussystem K-/L-Line: KWP 2000 Slow Init

- Bussystem K-/L-Line: KWP 2000 Fast Init

- Bussystem SAE J1850:   PWM und VPW

- Bussystem CAN: KWPonCAN

Neben den nach Norm vorgesehen Szenarien erlaubt das in dieses Verfahren integrierte Werkzeug ebenfalls die Umsetzung nicht vorgesehener Szenarien. Diese sind aus der Sichtweise des Werkzeugs – sofern der Fehler detektiert wird – unzulässig beziehungsweise falsch im „Fahrzeug" implementiert. Bei den Simulationen des vorherigen Kapitels stehen die Protokollkonformität und Abdeckung der Varianten im Feld im Vordergrund. Bei den Steuergerätesimulationen können alle Größen variiert werden. Beispiele hierzu sind die Responsezeiten, die Art der Adressierung oder aber auch zusammenhängende Routinen (Abfrage mehrerer Parameter-IDs in einer Nachricht bei Mode $01). Das Übermitteln von PIDs, unabhängig von der Status-Nachricht („ID $... $02 $01 $00"), ist ein weiteres bemerkenswertes Kriterium.

Dynamische Werte, wie die Drehzahl oder Lambda-Funktionalitäten, sind in der editierbaren Simulation für Abläufe zwingend erforderlich. Diese treten bei der HU am realen Fahrzeug auf. Die Rahmenbedingungen für den Aufbau der Simulation mittels samdia [93] sind durch die Vorgaben der zu Grunde liegenden Norm- und Regelwerke teilweise vorgegeben. Diese werden im Folgenden als Grundfunktionen beschrieben. Weitere Dokumente, wie der sogenannte AU-Geräteleitfaden [48] oder Vorgaben von Verordnungsgebern (u. a. [122]), sind ebenfalls zu beachten und unter dem Begriff „Sonderfunktionen" im Folgenden beschrieben. Ein Beispiel hierfür sind die bereits aufgeführten spezifischen Anforderungen an Anwendungen für die Lambdasonden. Die Umsetzung und Veranschaulichung wird neben

[117,113] in Kapitel 6.3 in Form des praktischen Nachweises vorgestellt. Auch die parallele Darstellung mehrerer einzeln editierbarer Steuergeräte ist umgesetzt, um testerseitig die Plausibilität des Verhaltens und der Anzeige absichern zu können.

Die vereinfacht dargestellte Integration mit jeweiligen Elementen ist in Bild 5.4 visualisiert. Hierbei wird softwareseitig eine GUI mittels VB-Skripten umgesetzt. Die Kommunikation und Umsetzung der Ein- und Ausgaben erfolgt mit C-Skripten in dem sogenannten Blocksequenzer. Diese werden auf dem Mehrkanaldiagnose-Interface ausgeführt. Spezifische Erweiterungen mit Schnittstellen zu bestehenden Modulen und Modulelementen können durch diesen Aufbau ebenfalls integriert werden.

Bei der durch die Normen und zulässigen Varianten gegebenen Komplexität steht bei der Umsetzung eine bedienbare Anwendung im Vordergrund. Diese hat wesentlichen Einfluss auf das Ergebnis, sofern ein Test durchgeführt wird. Dementsprechend sind mehrere Hilfestellungen und Darstellungen zur Anwendbarkeit vorzusehen. Ein automatisierter Prüfablauf auf der Basis von Routinen, Funktionen oder Pattern[38] (z. B. [102,123]) ist auch hier nicht möglich, da bei der Ansteuerung von Aktoren (siehe Kapitel 5.3.2) nicht immer ein maschinenlesbarer Rückgabewert vorhanden ist. Testerseitig ist ohnehin immer die Interaktion und Interpretation des Anwenders erforderlich.

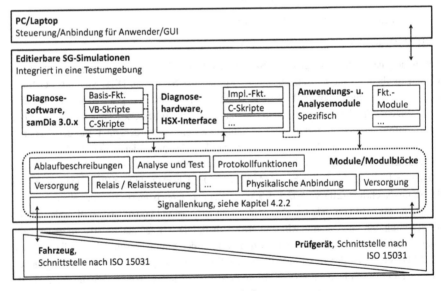

Bild 5.4: Aufbau und Integration editierbarer SG-Simulationen

---

[38] Patterns sind Muster, die eine gewisse Software-Struktur vorgeben. [123]

Die relevanten Norm- und Regelwerke grenzen die Diagnosemodes (SIDs) nicht klar ab, sodass bei der Umsetzung der Simulation die jeweiligen Verknüpfungen und Wechselwirkungen berücksichtigt werden müssen. Bei dem PID $01 (SID $01) sind folgende drei Informationen in den vier übermittelten Nutzdatenbytes enthalten:

- Status der Malfunction Indicator Lamp (MIL an oder aus)

- Status der in Mode $03 eingetragenen Diagnostic-Trouble-Codes (DTC)

- Status der Readiness (RDC)

In [91,94,117] werden neben dem Aufbau dieser Bytes weitere Inhalte detailliert vorgestellt. Für den PID $01 (SID $01) ist in Anhang - Visualisierungen (Bild A.11) ein Beispiel mit entsprechender Interpretation dargestellt. Je nach Inhalt der Diagnosenachrichten kann die Länge der zu übertragenen Nachricht variieren. Beispielsweise ist bei Mode $03 die Länge der Bytes der Nachricht/en an die Anzahl der eingetragenen Fehler (beim SID $07 der sporadische Fehler „on pending") anzupassen. Beim Fehlerspeicher (SID $03) besteht zusätzlich die Verknüpfung zu den Freeze-Frame-Daten, hinterlegt in Mode $02. Damit einhergehende protokollspezifische Bedingungen, wie Flow-Control, sind dementsprechend ebenfalls zu berücksichtigen. Die PID $13 und $1D geben Auskunft über die Anordnung und den Aufbau der verbauten Lambdasonden.

Die Umsetzung dynamischer Größen wird in Kapitel 6.3 beispielhaft vorgestellt. Beliebige weitere Testroutinen können definiert werden. Dies kann von der Verwendung eines 29-bit Identifiers zur Kommunikation bis hin zum Darstellungstest bezüglich des Rundungsverhaltens (Anzeige) bei verschiedenen Diagnosewerkzeugen reichen. Wie eine Ablaufbeschreibung aussehen kann, wird in Kapitel 5.5 vorgestellt.

5.3 Fahrzeugspezifische Testumfänge

Im Rahmen dieses Verfahrens bietet sich für die Beschreibung herstellerspezifischer Umfänge ein analoger Aufbau zur Gliederung von Kapitel 5.1 und 5.2 an, dies mit der Unterscheidung von fahrzeug- und testerseitigem Test. Die Tiefe der diagnostischen und analytischen Betrachtung zum Test kann fahrzeugseitig – aber auch testerseitig – beliebig tief ausgeführt werden. Das in Kapitel 4.3.3 vorgestellte Vorgehen ist an dieser Stelle unerlässlich. Es stehen keine normierten Referenzdaten zur Verfügung, die als Bezug und auch zum Vergleich herangezogen werden können. Werkstattleitfäden, geführte Fehlersuchanleitungen, FMEAs, FTAs, Applikationsleitfäden oder ähnliche Dokumente können begleitend in den Prozess integriert werden, sofern diese vorhanden sind.

Basierend auf der im folgenden Kapitel vorgestellten Gliederung ermöglicht die Unterteilung in Tests mit und ohne fahrzeugseitigen maschinenlesbaren/digitalen Rückgabewert für

die darauf folgenden testerseitigen fahrzeugspezifischen Tests ein transparentes und reproduzierbares Fundament.

5.3.1 Vorgehen zur Integration erlangter Erkenntnisse

Die Komplexität und die sich daraus ergebende Variantenvielfalt, insbesondere aufgrund der
Vernetzung der Systeme im Fahrzeug, ist ansatzweise anhand Bild 2.3 in Kapitel 2.1.3 ersichtlich. Im Vergleich zu Testprozeduren normierter Umfänge sind, neben dem deutlich höheren Umfang, meist auch keine Referenzdaten verfügbar. Das Vorgehen bei der diagnostischen Beurteilung der Systeme und Komponenten hängt stark von der Motivation und Ziel-
stellung des Anwenders ab.

Die in Bild 5.5 dargestellte Matrix bietet die Möglichkeit, eine Einteilung vorzunehmen.
Eine klare Trennung zwischen den vier vertikalen Schritten ist nicht möglich. Hierzu dient
ergänzend die horizontale Beschreibung und Einordnung. Eine Anpassung an jeweilige spezifisch anfallende Fragen ist am Beispiel der in Kapitel 5.4 vorgestellten Inhalte mit Bezug auf
den Test des HU-Adapters 21 gegeben (vergleiche [97]). Die als drittes Element beschriebene
Überprüfung am Fahrzeug mit zugehörigen Schritten wird in der Praxis – sofern keine Daten
zur Implementierung vorliegen – mittels eines Diagnosewerkzeugs ausgeführt. Die Analyse
erfolgt auf der Basis des daraus resultierenden Busverkehrs.

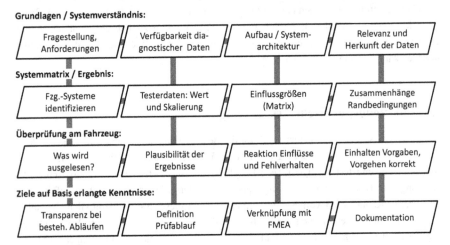

Bild 5.5: Methodik zur Zieldefinition und Einordnung eines Tests, nach [97]

In Kapitel 5.5 und in Anhang - Visualisierungen (Bild A.16) werden Ablaufbeschreibungen zur Begleitung eines Tests oder einer Prüfung vorgestellt.

5.3.2 Test ohne einen unmittelbar maschinenlesbaren Rückgabewert

Der Test ohne unmittelbar maschinenlesbaren (digitalen) Rückgabewert beschreibt Vorgänge, die keinen Wert oder keine Bestätigung an das Diagnosewerkzeug senden. Das erwartete und tatsächliche Verhalten des Fahrzeugs muss in diesem Fall vom Anwender interpretiert werden. Die Interpretation der Ergebnisse erfolgt meist auf der Grundlage der Interpretation der visuellen Sinne. Am Beispiel eines Lichttests kann dies neben dem Ein- und Ausschalten diverser Beleuchtungseinrichtungen auch das Schwenken der Frontscheinwerfer sein, sofern das Fahrzeug ein dynamisches Kurvenlicht verbaut hat. Die haptische Rückmeldung erfolgt beim Testen der Funktion der Sitzheizung oder des Gebläses. Die olfaktorische Wahrnehmung des Prüfers wird beim Test der Umluftfunktion oder der Applikation über Duftspender, am Beispiel des aktuellen Modells der S-Klasse der Daimler AG, angeregt. Erfolgt der Test mittels Diagnosewerkzeug, beispielsweise bei der Stellglieddiagnose, liegt meist ein Rückgabewert vor, wenn auch teils nur in Form einer Idle-Nachricht.

Das Vorgehen dieses Unterkapitels beschreibt den direkten Zugriff und Eingriff auf das entsprechende Bussystem. Auch hier ist anzumerken, dass unsachgemäßes Vorgehen Fehlereinträge und Schäden am Fahrzeug verursachen kann. Das parallele Senden von fahrzeuginternen Nachrichten mit hoher Wiederholungsrate und angepasstem Inhalt ist daher nicht zu empfehlen. Sofern eine Nachricht nur bei entsprechender Sensorstellung auf dem Bus anliegt, kann diese Nachricht mittels Interface zyklisch verwendet werden. Hierbei ist zu beachten, ob in einem Steuergerät die Plausibilität zwischen Sensor (z. B. Stellung des Lichtschalters) und Aktor (Licht an) geprüft und eingetragen wird.

Bei dem in Kapitel 2.1.1 aufgeführten Opel, Typ Vectra (Baujahr 2005, Typ Z-C/SW, Variante BN11) liegt der CAN Single-Wire auf Pin 1 der Fahrzeugschnittstelle. Das Ein- und Ausschalten wird über diesen mittels einer Nachricht mit der ID \$253 gesteuert. Die Initialisierung sowie das horizontale und vertikale Schwenken wird mittels einer Nachricht auf dem High-Speed CAN mit der ID \$249 angesteuert. Die Analyse dieses Fahrzeugs als Grundlage für exemplarische Testanwendungen hat gezeigt, dass die Fensterheber ebenfalls auf dem Single-Wire CAN implementiert sind. Hier kommen jeweils eine Nachricht für jede der vorderen Türen zum Einsatz und gleichfalls eine Nachricht für die beiden hinteren Türen. Weitere Ergebnisse sowie die Umsetzung spezifischer Testoberflächen werden in [101,112,124] beschrieben. Die Realisierung kann mit jedem beliebigen Werkzeug umgesetzt werden, beispielsweise mittels des in Kapitel 5.1 beschrieben Aufbaus mit LabView [125] oder CANoe [109].

5.3.3 Test mit einem maschinenlesbaren Rückgabewert

Der Aufbau und Ablauf ist anlog zu dem in Kapitel 5.3.2 vorgestellten Test ohne unmittelbar maschinenlesbaren Rückgabewert. Anstelle der Interpretation durch den Anwender erfolgt der

Abgleich nach hinterlegten Größen, Werten oder Bereichen. Als Rückgabewert werden Informationen bezeichnet, die das Fahrzeug auf eine Anfrage ausgibt. Prinzipiell sind das die Inhalte aus Kapitel 5.2 bei den nach Norm implementierten Größen. Das in Anhang - Visualisierungen (Bild A.10) dargestellte Testprotokoll ist dem Testfall Batteriespannung (genormt nach ISO 15031, PID $42) zugeordnet. Bei der Interpretation des Rückgabewertes oder der Rückgabewerte des Fahrzeugs ist testerseitig eine einheitliche Darstellung zu berücksichtigen, um die abschließende Verarbeitung und Aufbereitung zur Bewertung automatisiert durchführen zu können. Ein Beispiel für einen Test mit Rückgabewert ist der Request eines angefragten Steuergerätes, der zunächst eine Aussage über die Anwesenheit des SG ermöglicht. Darauf aufbauend können die Steuergeräteidentifikation und weitere Werte und Größen abgefragt und erfasst werden. Im folgenden Kapitel 5.4 werden die Inhalte der testerseitigen Betrachtung vertieft. [98]

5.4 Werkzeugseitige fahrzeugspezifische Testumfänge

Die testerseitigen fahrzeugspezifischen Testumfänge unterscheiden sich vom Inhalt und Ablauf im Vergleich zu den Umfängen aus Kapitel 5.2 im Wesentlichen durch den übermittelten Dateninhalt. Bei den Inhalten der normkonformen testerseitigen Umfänge werden editierbare Simulationen als Werkzeug zum Test hinreichend behandelt. Diese können bei vorliegendem Nachrichteninhalt und Aufbau mit zugehöriger Aufschlüsselung (Verschlüsselung, Offset, Faktor etc.) für herstellerspezifische Umfänge gleichfalls erstellt werden. In Verbindung mit einer Ablaufbeschreibung steht somit eine adäquate Test- und Prüfsequenz zur Verfügung.

Vor diesem Hintergrund liegt der Fokus in diesem Kapitel auf einem Ansatz, der eine Aussage zur Prüftiefe und Ausführung von Diagnosewerkzeugen in Verbindung mit den Inhalten der spezifischen Analyse aus Kapitel 4.3.3 erlaubt.

5.4.1 Klassifizierung relevanter Systeme und Komponenten

Die Grundlage eines jeden Tests ist die Analyse, die eine transparente Darstellung liefert und somit einen reproduzierbaren Test ermöglicht. Die alleinige Betrachtung mittels des diagnostischen Zugangs ermöglicht in der Praxis keinen voll umfänglichen Überblick, der für jedes Kraftfahrzeug allgemeingültig angewendet werden kann. Fundiertes Fachwissen jedes Anwenders ist in der Praxis ebenso schwer umzusetzen. Die Gliederung in untersuchungsrelevante Systeme auf der Basis bestehender Vorgaben [43,63] und Einteilungen am Beispiel der zukünftigen Hauptuntersuchung ist exemplarisch wie folgt möglich:

- Bremssystem

- Airbag/Rückhaltesystem

■ Beleuchtung/Scheinwerfer

■ Fahrwerkregelung

■ Lenkung

Diese untersuchungsrelevanten Systeme können fahrzeugseitig hinsichtlich der Komponenten, Architektur, Wirkmechanismen und Zusammenhänge betrachtet werden, siehe [126,127,53,128,129,19]. Die daraus folgenden Erkenntnisse und Ergebnisse sind umfangreich. In Verbindung mit einer bestehenden FMEA[39] für sicherheitsrelevante Bauteile [124] kann mit dem erarbeiteten Wissen eine System- und Bewertungsmatrix [126,127] aufgebaut werden. Hierzu ist zunächst die Gliederung der relevanten Inhalte in Systeme, Steuergeräte, Funktionen und Werte sinnvoll. Die Darstellung zeigt die Verknüpfung der Funktionen zwischen mehreren Steuergeräten, ähnlich eines Programmablaufplans. Hierbei wird verdeutlicht, dass die Anzahl der Fehlerfolgen bei zunehmender Vernetzung der Fahrzeuge und deren Systeme erheblich ansteigt.

Die Bewertungsmatrix führt zunächst sämtliche Bauteile auf, die in mechatronische Gruppen gegliedert werden können. Die Gruppen sind in Aktoren, Sensoren, Elektronik und Software sowie in Taster (Taster sind eine Untergruppe von Sensoren) unterteilt. Die Systemgliederung erlaubt eine Zuordnung zu den fünf zuvor definierten sicherheitsrelevanten Systemen und sieht Reserven für Erweiterungen vor. Die zugrunde liegende FMEA liefert Fehlerarten, die mit den Erkenntnissen der Literatur zu verknüpfen sind. Die hierbei vorgesehenen Fehlerarten sind zum Beispiel ein mechanischer Defekt, Ausfall eines Aktors, zu hohe oder geringe Widerstandswerte, Abnutzung und dergleichen mehr. Neben der Fehlerursache ist darüber hinaus die Fehlerkombinatorik, sofern möglich, zu berücksichtigen. Während die Fehlerkombinatorik eine falsche Einbaulage oder nicht vorhandene Kalibration beschreibt, sind bei der Fehlerursache unsachgemäße Reparatur, falsche Ausführung oder beispielsweise ein interner Defekt als Inhalte platziert.

Ein weiteres umfangreiches Element der Matrix ist im Anschluss die Fehlerprüfung. Diese beinhaltet zugleich Tests und Empfehlungen. Hierbei wird zwischen dem aktuellen Prüfumfang (sofern möglich mit Quelle) Empfehlungen hinsichtlich der zukünftigen HU (HU 21) sowie in allgemeinen Empfehlungen für Methoden unterschieden. Abschließend bietet die Aufschlüsselung des Prüfsignals Transparenz beim weiteren Vorgehen. Das Signal des Fahrzeugs wird nach der Signalart unterschieden. Von Bedeutung ist, ob es gemessen, errechnet oder modelliert anliegt und welche Faktoren wie Wertebereich, Auflösung und Einheit zu Grunde liegen. Die erstellte Matrix mit über 550 Zeilen ermöglicht dem Anwender auf der Basis diverser Filterfunktionen eine zielgerichtete Einschränkung des Themenfeldes auf rele-

---

[39] Zugrunde liegende FMEA für sicherheitsrelevante, elektronische Systeme im PKW. Der Fokus liegt unter anderem auf den Fahrzeugsystemen und deren Vernetzung und Fehlerfolgen. [124]

vante Größen und Werte. Diese vereinfachen die Bewertung eines parallel oder auch darauf aufbauenden Tests erheblich. In Kapitel 5.4.2 ist der Aufbau und Ablauf eines Tests dargestellt. Dieser greift auf Elemente der Bewertungsmatrix zurück, welche zugleich als Argumentationsleitfäden dienen können.

5.4.2 Testaufbau und Testdurchführung mittels Bewertungsmatrix

Die Bewertungsmatrix liefert bei einem zu testenden System die einflussrelevanten Komponenten und Zusammenhänge. Soll ein unbekanntes Werkzeug auf die Qualität und die damit in Verbindung stehende Diagnosetiefe geprüft werden, ist ein dreistufiger Prozess erforderlich:

Erster Prozessschritt: Zunächst sind anhand eines Referenzdiagnosewerkzeugs, beispielsweise dem originalen Werkzeug des Herstellers, die Umfänge und Abläufe des zu prüfenden Werkzeugs abzusichern. Dabei sind auszugsweise folgende Fragestellungen zu klären:

■ Werden die Anfragen konform ausgeführt? Dies umfasst auch Dienste wie „end of diagnostic session".

■ Können anhand zusätzlicher Abfragen, auch von vernetzten Komponenten, weitere Ergebnisse erzielt werden, die die Qualität der Aussage erhöhen oder absichern?

■ Welche Formate (Bytes/Bits) der Nachricht/Nachrichten des Fahrzeugs sind zur Interpretation mittels Werkzeug relevant?

Hierzu können die in Kapitel 4 vorgestellten Werkzeuge und Methoden herangezogen werden. Diese Informationen ermöglichen eine erste Aussage über das zu bewertende Werkzeug hinsichtlich Umfang und Abdeckung. Anwenderhinweise sind hierbei zu berücksichtigen, da sich eine Fahrzeugprüfung, wie in Kapitel 2.4 vorgestellt, meist aus der Kombination von Sicht-, Funktions- und Wirkprüfung zusammensetzt.

Im zweiten Prozessschritt ist zu prüfen, wie das Werkzeug die Informationen des Fahrzeugs interpretiert. Hierbei sind die Inhalte aus den Kapiteln 4.3.3 und 4.3.4 relevant. Die in Kapitel 6.2 vorgestellte diagnostische Prüfung im Rahmen der HU hat gezeigt, dass bei dem getesteten Werkzeug, welches als Prototyp vorliegt, Raum zur Interpretation gegeben ist. [130] Auch bei frei erhältlichen Werkzeugen und frei verfügbarer Software aus dem Internet sind die werkzeugseitigen Ergebnisse oft nicht belastbar.

Im dritten und abschließenden Schritt ist die Dokumentation in geeigneter Form vorzunehmen, bei der auf bereits vorgestellte Inhalte zurückgegriffen werden kann. Der Ablauf mit der Eingliederung der bestehenden Werkzeuge und Methoden ist in vereinfachter Form in Bild 5.6 dargestellt.

Um die gewünschte Umgebung für das zu testende Diagnosewerkzeug bereitzustellen, kann der Eingriff in die Kommunikation und die Anpassung der Nachrichten mittels des Signal-Routings (Kapitel 4.2.2) und der Gateway-Funktionen (Kapitel 4.3.3) erfolgen. Sofern ein

Fahrzeug nicht zum Test verfügbar ist, kann in Kombination mit den zu Beginn des Kapitels vorgestellten Simulationen ein paralleles Vorgehen gewählt werden. Die Abbildung der Inhalte gestaltet sich jedoch aufgrund der bereits aufgeführten Randbedingungen erheblich aufwändiger und komplexer. Die mittels Simulation abzudeckenden Umfänge erreichen nahezu das Ausmaß eines Hardware-in-the-Loop Prüfstands. Ansätze für Gestaltung und Ausführung der zukünftigen Hauptuntersuchung sind theoretisch bereits mehrstufig erarbeitet und zugänglich [9,44,63,128,131,132]. Die erste Stufe in Form der sogenannten Verbauprüfung mittels Hauptuntersuchungsadapter wird zurzeit im Feld erprobt.

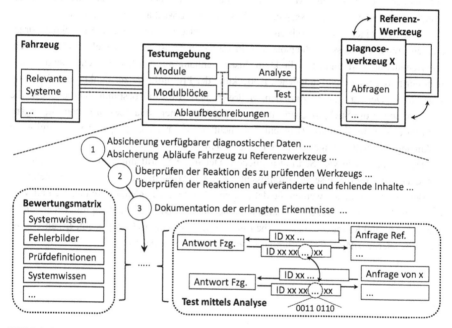

Bild 5.6: Prozessschritte werkzeugseitiger Test fahrzeugspezifischer Inhalte

5.5 Prinzipielle Ablaufbeschreibung

Dieses Unterkapitel ist dem systematischen Test zugeordnet und beschreibt ebenso Inhalte, die bei der methodischen Analyse zum Einsatz kommen. Da auf Inhalte der Analyse im Rahmen dieses Kapitels zugegriffen wird, stellt dies keinen Widerspruch dar. Begleitend zu den vorgestellten Inhalten werden Ablaufbeschreibungen in verschiedenen Ausführungen und Formen eingesetzt. Das Prinzip der verwendeten schematischen Darstellungen ist bereits eine einfache Form einer Ablaufbeschreibung.

Das Ziel einer im Rahmen des vorliegenden Verfahrens verwendeten Ablaufbeschreibung ist die Strukturierung bei der Analyse und dem Test. Weiterhin können Fehler aufgrund von falschen Eingaben und dem Spielraum zur Interpretation des Anwenders anhand dieser klar strukturierten und definierten Abläufe stark eingegrenzt werden. Dies erhöht die Qualität der Analyse und des Tests erheblich. Abläufe können aufgrund der Interaktion des Anwenders mit dem Diagnosewerkzeug und der meist erforderlichen Interpretation der Anzeigen und des Verhaltens des Fahrzeugs hierbei ohnehin nur eingeschränkt automatisiert werden.

In den Kapiteln 4 und 5 wird mehrfach auf Programmablaufpläne (PAP) mit Hinweisen auf Quellen verwiesen. Ein PAP gibt einen Überblick über den Aufbau und die Struktur der erstellten Software. Auf eine beispielhafte Visualisierung wird an dieser Stelle verzichtet. Bei der Erstellung einer Ablaufbeschreibung, beispielsweise für einen wie in Kapitel 6.3 vorgestellten Freigabeprozess für diagnostische Prüfwerkzeuge, ist stets ein Zielkonflikt zu lösen. Die Zeitaufwände, die meist in direktem Zusammenhang mit den Kosten stehen, sind gegenüber der notwendigen und möglichen Abdeckung der Prüfumfänge zur Funktionsabsicherung abzuwägen. Der „trade off" zwischen Mehrwert und Aufwand bestimmt hierbei meist die Prüftiefe sowie die Stichprobenanzahl. Der Ausschnitt einer Ablaufbeschreibung, die ergänzend zu einem Prüfprotokoll (Ergebnisdokumentation) einen Freigabeprozess beschreibt, ist in Anhang - Visualisierungen (Bild A.16) dargestellt.

Der Ablauf ist in vier Schritte gegliedert. Der dritte Schritt mit dem Vorgehen für den Anwender ist auszugsweise aufgeschlüsselt dargestellt, weil dieser von besonderer Relevanz ist. Bei diesem Vorgehen werden die definierten Abläufe, die zugleich Erkenntnisse und Vorgaben aus Norm-/Regelwerken beinhalten, berücksichtigt. Die Verknüpfung mit den erstellten Werkzeugen und Methoden dieser Arbeit ist ebenfalls schematisch dargestellt. Ergänzend ist die Anwenderoberfläche für Prüfumfänge der Lambdasonden beigefügt.

6 Anwendung und praktischer Nachweis

„Es ist leicht, Vorschriften über die Theorie des Beweises aufzustellen,
aber der Beweis selbst ist schwer zu führen."

Filippo Giordano Bruno

Die partiellen Werkzeuge und Methoden (Kapitel 4 und 5) werden in Form einer prototypischen Testumgebung zusammengeführt. Exemplarisch wird der Funktionsnachweis über die vorgestellten Themen anhand eines Prüf- und Freigabeprozesses für normierte Diagnoseinhalte erbracht. In einem zweiten Beispiel wird anhand der Analyse und des Tests im Rahmen der Hauptuntersuchung in Verbindung mit einem Prüfwerkzeug der praktische Bezug hergestellt.

Eine weitere Thematik mit breitem Anwendungsspektrum stellt die Analyse im Fehlerfall dar. Hierbei ist das gesamte Spektrum an Einflussgrößen bei der Fehlersuche und Fehlereingrenzung abzudecken. Das beinhaltet den Verbund Fahrzeug und Diagnosewerkzeug, die jeweiligen Schnittstellen und den Anwender. Bei diesem Vorgehen sind hardware- als auch softwareseitige Fehler bis hin zur kleinsten Einheit zu identifizieren. Dies kann ein sporadisch auftretender Fehler (z. B. ein Wackelkontakt) oder ein zu hoher Widerstand einer Verbindung sein. Alternativ sind eine falsche Terminierung des Fahrzeugbussystems durch das Diagnosewerkzeug oder ein Kurzschluss mögliche Fehlerbilder. Die Eingrenzung eines sporadischen Sensorfehlers am Fahrzeug oder Diagnosewerkzeug unter weiteren Einflüssen gestaltet sich erheblich schwieriger. Auch Fehler bei einem Verbundsystem – bestehend aus Fahrzeug und Diagnosewerkzeug – sind ungleich schwerer zu identifizieren, da neben den Einzelsystemen zwangsläufig auch die Wechselwirkung bei der Betrachtung mit einfließt.

Das vorgestellte Verfahren zur Analyse und zum Test von Fahrzeugdiagnosesystemen im Feld gibt Hinweise zur Lösung der im Raum stehenden Fragen. Neben den vorgestellten Werkzeugen und Methoden fließen auch Teilschritte und Abläufe der in den folgenden Kapiteln 6.1 und 6.2 vorgestellten Ansätze mit ein. Insbesondere bei Fehlern am Verbund ermöglicht die Betrachtung des Gesamtsystems mit anschließender Extraktion Transparenz. Ein Fehler oder unerwartetes Verhalten kann gezielt und detailliert unter reproduzierbaren Bedingungen nachgebildet und nachgewiesen werden.

6.1 Prototyp der Entwicklungsumgebung

Die Entwicklungs- oder Testumgebung besteht aus einer Hardware, die den Zugang, die Verschaltung und Versorgung sowie die Visualisierung ermöglicht. Die datenbankgestützte Steuerung der Methoden und Werkzeuge wird vom Anwender mittels Software über einen PC oder Laptop genutzt, siehe Bild 6.1.

Bild 6.1: Validation Testumgebung mit Fahrzeug und Diagnosewerkzeugen

6.1.1 Hardwarestruktur der Testumgebung

Die automatisierte Testumgebung ermöglicht fahrzeug- und testerseitig den Zugang zu dem zu untersuchenden System. Der Zugriff umfasst sowohl für Personenkraftwagen als auch für Nutzfahrzeuge jeweils die 16 verfügbaren Pins der genormten OBD-Schnittstelle, siehe Kapitel 2.1.1. Diese werden mittels eines 32-bit Mikrocontrollers gesteuert und ermöglichen die bedarfsgerechte Verschaltung für die Analyse oder den Test. Die Relais und Leitungen sind für Ströme bis drei Ampere ausgelegt. Eine softwareseitige Absicherung stellt sicher, dass ein Fehlverhalten, verursacht durch die Testumgebung, wie das „Kleben eines Relais", ausgeschlossen werden kann. Bei der jeweiligen Verschaltung werden die vier in Kapitel 3.1 vorgestellten Betrachtungsweisen unterschieden. Der Aufbau stellt systembedingt sicher, dass der Eingriff keinen Einfluss auf das zu untersuchende System hat.

Die Integration einer entwickelten Platine sichert die bedarfsgerechte Leistungsversorgung im jeweiligen Betriebsszenario. Dies umfasst bei der Simulation, bei der Stimulation und bei dem Betrieb mit physikalisch getrenntem Bussystem bedarfsgerechte Pegel und gleiche Potentiale. Beispielsweise basieren die Pegel beim Bussystem K-/L-Line auf der Bordnetzspannung. Diese beträgt beim Nutzfahrzeug 24 Volt. Wird ein Diagnosewerkzeug mit der Testumgebung ohne Fahrzeug betrieben, ist die Leistungsversorgung sicherzustellen. Das Potential von Pin 5 (Signal-Masse) ist ohne Fahrzeug zu definieren. Eine Anwendungsmatrix zeigt dem Anwender die entsprechenden Zusammenhänge auf und informiert über die innere Verschaltung je nach gewähltem Szenario und dessen Auswirkungen. Die Signale werden mit entsprechender Logik einem Mehrkanal-Interface [92] zugeführt, das die jeweilige Betriebsart in Verbindung mit der Ansteuerung über Anwenderoberflächen unterstützt. Die Kommunikation zwischen dem PC und der Testumgebung ist drahtgebunden oder drahtlos mittels TCP/IP realisiert. Hierbei werden das Evaluationboard und das Diagnose-Interface separat angesprochen. Der umgesetzte Aufbau ist in Bild 6.2 dargestellt.

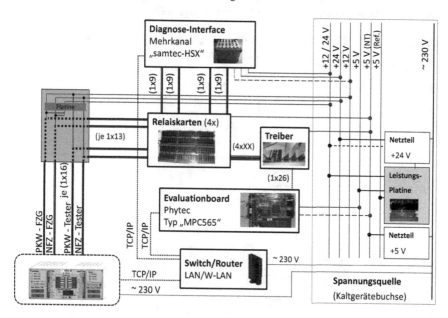

Bild 6.2: Testumgebung mit den jeweiligen Schnittstellen, nach [85]

Der Anwender hat über die Testumgebung Zugriff auf die Pins der beiden Schnittstellen und kann somit mit einem integrierten und verschalteten Voltmeter erste Analysen zur Belegung und den entsprechend anliegenden Pegeln durchführen. Die Anzeige eines qualitativen Mittelwerts von 2,59 Volt deutet in der Praxis häufig auf das Signal des „CAN High Speed High" hin. Ebenso können über die Zugriffe vom Anwender Störquellen oder weitere Werkzeuge auf diese Weise eingebunden werden. Neben Elementen zur Steuerung der Testumgebung sind Absicherungen der Leitungen und Komponenten vorgesehen. Ein optisches Signal zeigt das Auslösen integrierter Schmelzsicherungen an, sodass eine Fehlinterpretation durch den Anwender minimiert werden kann. Weitere Signale informieren über Spannungspegel und Betriebsarten. Die Testumgebung ist in Anhang - Visualisierungen (Bild A.12 ff.) mit PC und Hauptanwenderoberfläche sowie einem Auszug an Schaltplänen und Anwendungen dargestellt.

6.1.2 Software zur Steuerung

Die PC-seitige Software ermöglicht dem Anwender, die gewünschten Konditionen für die Analyse oder den Test zu erreichen. Dies umfasst primär die Verschaltung und das Signal-Routing. Darauf aufbauend können die gewünschten Anwendungen und Werkzeuge aufgerufen werden. Die Anwenderoberfläche ist in Bild 6.3 dargestellt.

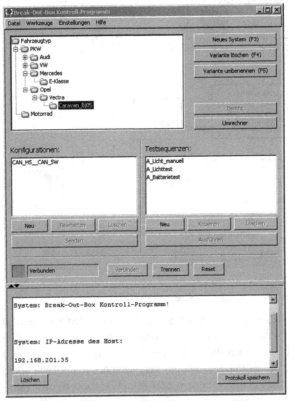

Bild 6.3: PC-seitige Anwenderoberfläche mit Datenbank, aus [101]

Die Umsetzung ist mittels der Entwicklungsoberfläche „NetBeans IDE" in Java erfolgt. In Verbindung mit der jeweiligen Datenbank stehen dem Anwender neben einer oder mehreren Konfiguration/en die hinterlegten Testsequenzen zur Verfügung. Im unteren Bereich der Oberfläche wird die Verbindung zur Hardware der Testumgebung gesteuert. Der Anwender kann Informationen über die Kommunikation zwischen dem PC und der Testumgebung entnehmen. Eine Protokollfunktion ermöglicht die Dokumentation entsprechender Konstellationen und Ergebnisse.

Das Menü ermöglicht unter „Datei" das Verwalten, Öffnen, Laden und Speichern von Datenbanken sowie die Verwaltung der Oberfläche. Die Werkzeuge werden in Kapitel 6.1.3 vorgestellt. Unter „Einstellungen" können Sprach- und Darstellungsoptionen angepasst werden. Die „Hilfe" beinhaltet für die jeweiligen Elemente Beschreibungen und informiert über den Softwarestand und die vorliegende Version. Die Hauptanwenderoberfläche wird unter anderem in [101,106] detailliert beschrieben.

6.1.3 Ergebnisse durch die Integration der Methoden und Werkzeuge

Viele Ansätze und vorgestellte Methoden erschließen sich aus der Kombination und Interaktion von Soft- und Hardware. Die in Kapitel 6.1.2 vorgestellte Hauptanwenderoberfläche verwaltet und beinhaltet sämtliche softwareseitigen Elemente. Grundlage hierfür bietet der Zugang zu dem zu untersuchenden System.

In der Hauptoberfläche ermöglichen die in der Datenbank hinterlegten Konfigurationen das bedarfsgerechte Signal-Routing, beispielsweise durch die Verschaltung für Gatewayfunktionalitäten oder den Ersatz des Fahrzeugs beim Test eines Diagnosewerkzeugs. Die jeweils in identischer Hierarchie hinterlegten Testsequenzen stellen spezifisch angepasste und integrierte Module oder Modulblöcke als Werkzeuge zur Verfügung oder sind als methodische Abläufe verfügbar.

Weitere Elemente stehen dem Anwender in der Menüleiste unter dem Menüpunkt „Werkzeuge" zur Verfügung. Diese umfassen beispielsweise den in Kapitel 4.3.5 vorgestellten Umrechner zur Eingabe von Werten im CAN-Format sowie das in Kapitel 4.2.1 vorgestellte Oszilloskop, welches als Element zur transparenten Darstellung dient. Auf die umfassende Dokumentation der jeweiligen Software und Werkzeuge wird in den folgenden Kapiteln verwiesen.

Es ist geboten, eine Datenbank mit allen verfügbaren Abläufen, Werkzeugen, Methoden, Modulblöcken und Modulen anzulegen. Bild 6.4 zeigt in Verbindung mit der in Kapitel 3.1 dargestellten Gliederung exemplarisch Optionen für den Aufbau und Ablauf. Die Datenbank kann für weitere spezifische Datenbanken, die zum Beispiel Hersteller oder Fahrzeugtyp, Werkzeugtyp, Analyse, Freigabeprüfung und dergleichen mehr unterscheiden, als Referenz und Quelle dienen.

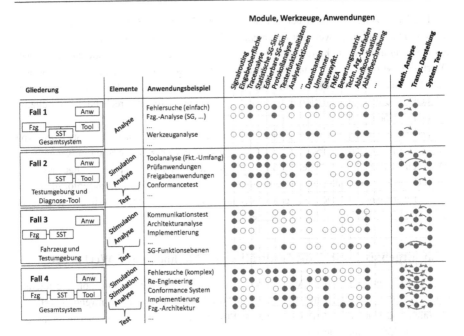

Bild 6.4: Exemplarische Fusion der Methoden, Werkzeuge und Anwendungen, nach [133]

6.2 Analyse und Test eines generischen Prüfwerkzeugs

Die in den Kapiteln 6.2 und 6.3 aufgezeigten Abläufe und Werkzeuge geben Hinweise auf die reproduzierbare, methodische Analyse von Diagnosewerkzeugen und Kommunikationsinhalten. Darauf aufbauend – sowie auf der Grundlage der transparenten Darstellung – folgt der systematische Test. Mit Blick auf die in Kapitel 6.1 vorgestellte Testumgebung stehen in diesem Kapitel herstellerspezifische Inhalte in Bezug auf Abläufe im Rahmen der zukünftigen Hauptuntersuchung im Vordergrund.

6.2.1 Aufbau und Ablauf

Bei Kraftfahrzeugen mit einer Erstzulassung nach dem Jahr 2006 finden Untersuchungsumfänge digital und automatisiert mittels Diagnosewerkzeug statt (Kapitel 2.3.1 und 2.4.1). Künftig sollen diese ausgeweitet werden.

Hierbei sind die drei Stufen Verbauprüfung, Bedatung der verbauten Systeme und die Funktionsprüfung vorgesehen. Das eingesetzte Werkzeug ist der in Kapitel 2.5.4 vorgestellte

Hauptuntersuchungsadapter „HU-Adapter 21 PLUS" (HUA) [9]. Das Gerät steht als Prototyp in der Version 2.1.0-1 bei den folgenden Untersuchungen zur Verfügung. Die Einbindung ist nach dem in Kapitel 5.4.2, Bild 5.6 vorgestellten Versuchsaufbau vorgesehen.

Mit dem HUA wird an mehreren Fahrzeugen der Kommunikationsaufbau und -ablauf aufgezeichnet und dokumentiert. Hierbei wird gebotener Weise auf die zur Verfügung stehenden Werkzeuge und Methoden zurückgegriffen. Das sind beispielsweise das Signal-Routing oder die Analyse herstellerspezifischer Diagnoseinhalte aus Kapitel 4.3.3. Dabei werden Informationen über die verwendeten Bussysteme, die beteiligten Steuergeräte und die abgefragten Inhalte gewonnen. Die Absicherung der Inhalte und insbesondere des Verhaltens erfolgt anhand eines Referenzwerkzeugs auf der Basis der zuvor dokumentierten Feststellungen zum HUA.

Zur Erfassung der theoretisch anzustrebenden höchstmöglichen Prüftiefe, beispielsweise anhand der Interaktion der Systeme oder des Verhaltens bei Fehlerfolgen oder möglicher Werte und Daten, ist zuvor oder parallel der erste Schritt des in Kapitel 5.4.2 vorgestellten Ablaufs zur Sicherung einer wissenschaftlichen Systematik erforderlich. Hierbei müssen die Erkenntnisse der vorgestellten Bewertungsmatrix mit einfließen. Diese Matrix ist fahrzeug- und herstellerübergreifend gültig. Sofern erforderlich, können weitere Auswertungen, Analysen und Tests über den Kommunikationsaufbau, das Timing, Protokollnachrichten wie „End-of-diagnostic-Session" und so weiter ausgeführt und dokumentiert werden. Das Abgleichen mit den HUA-Abläufen ist möglich.

Basierend auf der erfolgten Extraktion der diagnostischen Erkenntnisse und Darstellung derselben folgt die Untersuchung des Verhaltens des Prüfwerkzeugs, beispielsweise in Form der Dokumentation aus Kapitel 4.3.4 (siehe auch Anhang - Tabellen).

Hierzu wird die Verbindung zwischen dem Fahrzeug und dem Diagnosewerkzeug physikalisch getrennt und über das Mehrkanaldiagnose-Interface der Testumgebung geführt. Die zuvor bereits eingesetzten Filter- und Gatewayfunktionen stellen die Prüfung und Analyse jeder Nachricht und deren Inhalt in Verbindung mit der Reaktion des Prüfwerkzeugs sicher. Die Ergebnisse und Erkenntnisse sind entsprechend zu dokumentieren.

Bild 6.5 zeigt die in samDia [93] umgesetzte Anwenderschnittstelle als Werkzeug zur Analyse herstellerspezifischer Diagnoseinhalte. Diese wird zum oben beschriebenen Test des Prüfwerkzeugs eingesetzt. Das Vorgehen ist analog zum zweiten Ablaufschritt von Punkt 2 in Bild 5.6 (Kapitel 5.4.2). Der Anwender kann über jeweils eine Oberfläche Einfluss auf die fahrzeugseitige und testerseitige Kommunikation nehmen. Die gesetzten Filter, dargestellt in der Tabelle Filter-ID-Liste CAN, reduzieren die sichtbare Kommunikation im rechten Fensterbereich auf die relevanten Nachrichten. Der sogenannte Nachrichtenmanipulator ermöglicht die Beeinflussung der Nachrichteninhalte vom Fahrzeug an den Tester. Im gezeigten Beispiel (Bild 6.5) wurde der Aufbau anhand eines realen Fahrzeugs vollzogen.

Die hinter dem Fenster „Fahrzeug-Dialog" sichtbaren Kommunikationsinhalte stammen vom Fahrzeug und werden nicht von einer Simulation generiert. Bei der konkreten Konstellation ist bei Byte 1 mittels der Anwenderoberfläche die Bestätigung für „ignorieren" gesetzt. Das bedeutet, dass bei der Nachricht mit der ID $234 das erste Byte ohne Beeinflussung durchgeroutet wird. Ist diese Option nicht ausgewählt, bricht die Kommunikation ab, da dieses Byte protokollspezifische Informationen über den Aufbau (Länge) der Nachricht enthält. Weiterhin wird mit diesem Byte ein Kontrollzähler übermittelt.

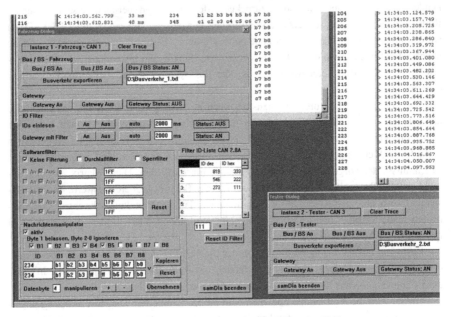

Bild 6.5: Analyse-/Test-/Prüfwerkzeug zur Nachrichtenmanipulation, aus [94]

Der Anwender hat somit die Möglichkeit, die Inhalte einer Nachricht byte- und bitweise zu ändern und die Reaktion am Werkzeug zu überprüfen. Die Reaktion des generischen Prüfwerkzeugs sowie die daraus resultierenden Schlüsse werden in Kapitel 6.2.2 vorgestellt.

6.2.2 Praxisnachweis an Fahrzeugen und Systemen

Anhand des zur Verfügung stehenden Prototyps des generischen Prüfwerkzeugs zeigt Bild 6.6 das Prüfergebnis am Beispiel eines Opel Astra (HSN: 0035, TSN: ANN, EZ: 09/2010). Im gezeigten Beispiel sind alle durchgeführten Prüfungen positiv getestet. Anhand des „HUA-Symbols" (real in grün dargestellt), ist dies erkenntlich. Zunächst kann der Anwender nicht sehen, welche Abfragen zugrundeliegen und für das angezeigte Ergebnis relevant sind.

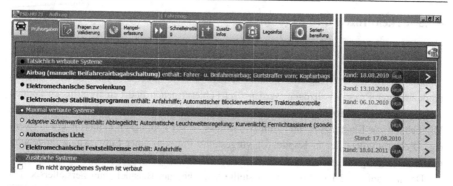

Bild 6.6: Ergebnis Fahrzeugüberprüfung mittels generischem Prüfwerkzeug

Die in Bild 6.7 dargestellte Auswertung für das Bremssystem zeigt die Anfrage des Werkzeugs sowie die zugehörige Antwort des ABS-Steuergeräts. Im unteren Bereich der Darstellung ist der Einfluss auf das Ergebnis bei der Prüfung einzelner Bytes abgebildet. Sofern die Werte außerhalb der dargestellten Grenzen liegen, zeigt das Prüfwerkzeug die Prüfung für die Systeme elektronische Servolenkung, elektronisches Stabilitätsprogramm, adaptive Scheinwerfer und elektronische Feststellbreme als nicht bestanden (real in Form eines blauen Punkts) an. Die Diagnose des Airbags wird über den CAN Single-Wire ausgeführt und behält den Status „bestanden" bei.

Es ist nochmals explizit anzumerken, dass die Tests und Analysen auf einem Entwicklungssoftwarestand und Prototyp des HU-Adapter 21 PLUS basieren. Die Ergebnisse und Erkenntnisse sind somit kein Maß für die Qualität der Prüfung und Umfänge. Ebenso können keine Rückschlüsse auf den tatsächlich folgenden Umfang einer derartigen Prüfung gezogen werden.

ABS Nachrichtenblock:

ID \ Byte	1	2	3	4	5	6	7	8
$243	$02	$1a	$9a	$55	$55	$55	$55	$55
$643	$04	$5A	$9A	$2B	$03			

Fkt. Bytes: DLC   best.   wdh.   Diagnosedatenkennung
                    Dienst Dienst & Systemcode

Auswirkung einzelner Bytes bei der Durchführung der HU:

Diagnose funktioniert	Diagnose funktioniert nicht
Byte 1: $04 ≤ x ≤ $0f	Byte 1: x < $04, x > $0F
Byte 2: x = $5A	Byte 2: x ≠ $5A
Byte 3-5: kein Einfluss	

Bild 6.7: Darstellung ergebnisbeeinflussender Faktoren beim Prüfen, aus [130]

6.2.3 Erkenntnisse und Ergebnisse

Das auszugsweise vorgestellte Vorgehen von Kapitel 6.2 hat das Ziel, die Basis und einen Ablauf zur spezifischen Prüfung und strukturierten Freigabe vorzustellen.

Auf der Basis der erlangten Erkenntnisse kann ein transparenter, systematischer und reproduzierbarer Prozess vollzogen werden. Bei Fehlerursachen und Fehlereinflüssen können diese zunächst lokalisiert, dargestellt und gegebenenfalls vermieden werden. Insbesondere die Möglichkeit zur Eingrenzung und zum Ausschluss ist bei komplexen Fehlerbildern notwendig. Dies ermöglicht der in Kapitel 6.1 vorgestellte Prototyp einer Entwicklungsumgebung mit den zugehörigen Funktionen.

Das in Kapitel 6.2.1 und 6.2.2 vorgestellte Vorgehen am Beispiel einer herstellerspezifischen Diagnosefunktion kann beliebig übertragen werden und entsprechend Anwendung finden. Somit können – unabhängig vom Fahrzeugtyp – Fahrzeug- und Werkzeugfunktionen identifiziert und betrachtet werden. Die Möglichkeit, Busdaten zu filtern und richtungsspezifisch darzustellen, bildet die Grundlage hierfür. Mittels des darauf aufbauenden systematischen Eingriffs kann das Verhalten bezüglich der Implementierung eines Diagnosewerkzeugs meist identifiziert werden.

Während der Fokus in diesem Beispiel auf herstellerspezifischen Inhalten und der Herleitung derselben liegt, wird in Kapitel 6.3 ein Prozess vorgestellt, mit welchem implementierte Inhalte nachgewiesen und geprüft werden können. Im Fehlerfall können auch Elemente dieses Vorgehens bei herstellerspezifischen Anwendungen eingesetzt werden.

6.3 Prüf- und Freigabeprozess für OBD-Umfänge

In Kapitel 6.2 bildet das Vorgehen bei der Analyse und beim Test herstellerspezifischer Inhalte den Schwerpunkt. Hierbei wird zugleich die Betrachtung der Kommunikationsinhalte in das Vorgehen miteinbezogen. Der Fokus dieses Kapitels liegt auf diagnostisch normierten Inhalten. Die in Kapitel 2.6.1 beschriebenen digitalen Untersuchungsumfänge bei Fahrzeugen mit einer Erstzulassung nach dem Jahr 2006 werden mit sogenannten AU-Prüfgeräten durchgeführt. Diese werden von diversen Herstellern, wie der DiTEST Fahrzeugdiagnose GmbH oder der MAHA Maschinenbau Haldenwang GmbH & Co. KG, angeboten [132].

Vor dem Einsatz im Feld und der Integration in den Prüfablauf im Rahmen der Hauptuntersuchung bei den jeweiligen Institutionen sind diese AU-Prüfgeräte zu testen und freizugeben. Auf die Bedeutung einer solchen Freigabe und die daraus zu ziehenden Konsequenzen wird in den einleitenden Kapiteln eingegangen. Dieses Kapitel stellt anhand der Werkzeuge und Methoden dieser Arbeit auszugsweise einen Ablauf vor, der einen Prüf- und Freigabeprozess begleiten und strukturieren kann.

6.3.1 Konfiguration und Herangehensweise

Bei einem Prüf- und Freigabeprozess für das AU-Prüfgerät fungiert die Testumgebung als Fahrzeug. Die Spannungsversorgung des Prüfgeräts wird von der Testumgebung gespeist. Die Relaiskonfiguration ist entsprechend der Belegung der nach Norm definierten Bussysteme zu verschalten. Das Mehrkanaldiagnose-Interface interagiert nur über die Pinbelegungen, wie in Kapitel 2.1.1 beschrieben. Bei den im vorherigen Kapitel 6.2 vorgestellten Inhalten ist die Kommunikation meist über die herstellerspezifisch belegten Pins umgesetzt.

Der Anwender begleitet im Anschluss einzelne Prüfschritte, entsprechend einer vorliegenden Ablaufbeschreibung, wie beispielsweise in Anhang – Visualisierungen (Bild A.16) auszugsweise vorgestellt. Diese werden dokumentiert, sodass zum Abschluss ein reproduzierbarer Prozess vorliegt. Das Vorgehen gliedert sich in zwei Hauptelemente. Das ist zum einen die Prüfung mittels der in Kapitel 5.2.1 vorgestellten Simulationen auf der Basis einer statistischen Auswahl an Fahrzeugen; im zweiten Element werden die generischen Simulationen, die in Kapitel 5.2.2 vorgestellt werden, eingesetzt. Mit beiden Elementen werden diverse Prüfschritte durchlaufen. Ein Auszug wird im folgenden Kapitel 6.3.2 vorgestellt.

6.3.2 Einblick in die Durchführung und Umsetzung

Der Markt bietet ein breites Spektrum an Diagnosegeräten mit spezifischen Ausprägungen zur Untersuchung von Fahrzeugen an. Bei den AU-Prüfgeräten ist häufig eine Teilfunktion implementiert, die die spezifischen Abfragen bei der Abgasuntersuchung im Rahmen der Hauptuntersuchung ausführt. Hierbei werden folgende Daten des normierten Diagnoseumfangs vom Fahrzeug betrachtet und ausgewertet: [48]

■ Status der unterstützten Parameter Identifier (PID), verfügbar mittels Mode (SID) $01, PID $00

■ Status der Malfunction Indicator Light (MIL), verfügbar mittels SID $01, PID $01

■ Status der Selbstüberwachung abgasrelevanter Systeme (Readiness-Codes) mit „unterstützt", „bestanden", „nicht bestanden", „Test nicht beendet", „Test nicht durchgeführt", verfügbar mittels SID $01, PID $01

■ Anzahl eingetragener Fehlercodes in Mode $03, verfügbar mittels SID $01, PID $01

■ SID $03, permanent eingetragene Fehlercodes

■ SID $07, sporadische Fehlercodes („on pending")

Sofern diese Werte nach den Vorgaben des AU-Geräteleitfadens [48] (Kapitel 2.4.2) innerhalb der Grenzen/Anforderungen vorliegen, ist die Abgasuntersuchung bestanden. Es ist in diesem Fall keine Gasmessung (Abgas) erforderlich. Zum Bestehen der Prüfung müssen alle unterstützten Readiness-Codes auf „bestanden" gesetzt sein und es dürfen keine Fehlereinträge in Mode $03 und Mode $07 hinterlegt sein. Dies inkludiert zugleich, dass die MIL nicht leuchtet. Auf die statistisch abgesicherten Abläufe hat der Anwender keinen Einfluss. Die editierbaren Simulatoren ermöglichen neben den Eingaben nach Normvorgaben auch Plausibilitätsprüfungen. Bild 6.8 zeigt in einer Übersicht die Hauptanwenderoberfläche mit der Auswahl der verfügbaren Bussysteme und den zugehörigen Transportprotokollen. Neben den Steuerungselementen der Hauptanwenderoberfläche sind auszugsweise die verfügbaren Eingabeoberflächen dargestellt. Diese gliedern sich in Haupt- und Sonderfunktionen. Wesentliche Module sind darüber hinaus in Anhang - Visualisierungen (Bild A.12 ff.) dargestellt.

Die Umfänge der diagnostischen Abgasuntersuchung decken einen relativ kleinen Umfang der normierten Werte ab. Dies ist ansatzweise anhand von Bild 6.8 zu erkennen. Insbesondere beim Bussystem K-/L-Line sind die Inhalte des Mode $05, der die Diagnose der Lambdasonden in Form von Test IDs (TID) mit Werten und Limits beschreibt, umfangreich vorhanden. Beim Bussystem CAN sind diese Inhalte mit Erweiterungen in Mode $06 verankert. Hierbei kommen anhand von Monitor-IDs (MID) und zugehörigen Test-IDs in Verbindung mit einer Unit-Scaling-ID (Umrechnungsfaktor) bei einem Test vorgegebene Min.- und Max.-Limits hinzu, die einzuhalten sind. [16]

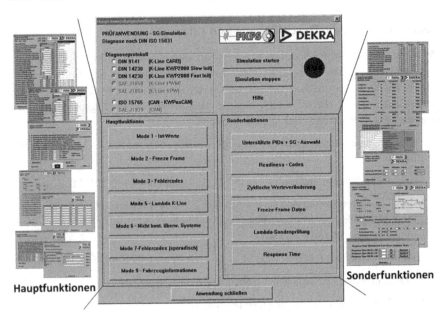

Bild 6.8: Hauptanwenderoberfläche der generischen Simulationen, aus [91]

Beim Test von OBD-Umfängen ist, neben dem normkonformen Verhalten im Rahmen einer Prüfung und Abnahme, auch die Reaktion des Diagnosewerkzeugs bei Verletzung dieser Vorgaben zu beachten. Ein Auszug möglicher Abläufe zeigt die Aufstellung:

- In der Nachricht PID $00 (SID $01) werden unterstützte PIDs nicht gesendet und nicht unterstützte PIDs werden gesendet.

- Responsezeit des Fahrzeugs ist > 50 Millisekunden.

- Vom Fahrzeug nicht verfügbare Readiness-Codes sind auf den Status durchgeführt und auf „bestanden" gesetzt.

- Das Bit der MIL wird auf „an" gesetzt, obwohl keine Fehler in Mode $03 eingetragen sind. Gleiches Szenario in umgekehrter Ausführung.

- Eingabe nicht genormter Fehler und von Fehlern in ungültigem Format.

- Die Antwort auf angefragte PIDs erfolgt außerhalb des zulässigen Wertebereichs. Gleiches Szenario bei den Freeze-Frame-Daten (Mode $02).

- Bei Mode $05 und $06 Eingabe ungültiger Werte bei TIDs und MIDs etc.

- Antwort bei Mode $09 $02 mit der FIN (VIN) in ungültigem Format, alternativ Antwort ohne Berücksichtigung der Nachricht $09 $01 bei der K-/L-Line.

Die Ausgaben der generischen Simulationen können anwendungsnah und prüfungsrelevant, wie auszugsweise aufgelistet, umgesetzt werden. Theoretisch sind beliebig komplexe und unrealistische Szenarien möglich. Hier fließen die Erfahrungen des Anwenders oder alternativ zur Verfügung stehende Prüfabläufe maßgeblich mit ein.

Insbesondere beim PID $01 (SID $01) ist die genaue Untersuchung notwendig und erforderlich, da wichtige und übergreifende Inhalte übertragen werden. Eine Aufschlüsselung mit Erklärung dieser PID ist in Anhang - Visualisierungen (Bild A.11) aufgeführt.

6.3.3 Erkenntnisse und Ergebnisse

Der in diesem Kapitel vorgestellte Aufbau sowie das entsprechende Vorgehen zeigen, dass die methodische, strukturierte und reproduzierbare Abnahme von Diagnosewerkzeugen durchgeführt werden kann. Ohne den Einsatz realer Fahrzeuge kann ein breites Spektrum an Fahrzeugen auf der Basis belastbarer Zahlen und Werte abgebildet werden. Selten verfügbare Fahrzeuge mit mehreren Motor- und Getriebesteuergeräten, Lambdasondenkonstellationen oder mit implementierten Umfängen nach SAE J1850 (VPW und PWM) [25] können ebenfalls anhand der statistischen – zugleich auch mittels editierbarer – Funktionen abgebildet werden. Diese Plausibilitäten und Werkzeuge ermöglichen einen umfänglichen Test.

Weitreichende Untersuchungen von kommerziell verfügbaren Diagnosewerkzeugen im Feld haben gezeigt, dass bei der Implementierung und Umsetzung teils Imponderabilien zu verzeichnen sind (internes Dokument [94]). Diese umfassen zum Beispiel die falsche Umrechnung von PIDs. Weiterhin ist die nicht normkonforme Zuordnung von PIDs, insbesondere bei der variablen Belegung, in Abhängigkeit der vorliegenden Lambdasondenkonfiguration (PID \$13 und \$1D) aufgetreten. Auch die korrekte Implementierung der Abhängigkeit der Antwort auf die Anfrage \$09 \$02, in Verbindung mit der Nachricht \$09 \$01 bei K-/L-Line, erweist sich in der Praxis teilweise als fehlerhaft.

Zusammenfassung und Benefit

> „Man muss Dinge auch so tief sehen,
> dass sie einfach werden."
>
> *Konrad Adenauer*

Die Anzahl der Komponenten in Personenkraftwagen und Nutzfahrzeugen nimmt bei bereits jetzt schon hoher Komplexität mit der dazugehörigen Vernetzung ständig zu. Dies ist auch unter dem Aspekt der Auflösung direkter Hardware- und Funktionszuordnungen zutreffend. Mit Hilfe der Off-Board-Diagnose sollen diese Systeme – bei steigender Komplexität – sicher und ganzheitlich überwacht und überprüft werden können. Durch den Einsatz von Diagnosewerkzeugen ergeben sich bei deren Anwendung neue Systemgrenzen sowie weitere Freiheitsgrade.

Die vorliegende Arbeit hat zum Ziel, das Gesamtsystem „Fahrzeug und externes Werkzeug" hinsichtlich der Funktion und Kommunikation methodisch zu analysieren, transparent darzustellen und systematisch zu testen. Die Ergebnisse des Verfahrens zur Analyse und zum Test von Fahrzeugdiagnosesystemen im Feld lösen diese eingangs beschriebenen Herausforderungen.

Kapitel 2 verschafft einen Überblick über den Stand der Technik. Eine Übersicht über die Diagnose im Kraftfahrzeug stellt die Grundlage dar. Darauf aufbauende Vorgaben seitens der Norm- und Regelwerke werden vorgestellt. Einfluss auf das Gesamtsystem haben darüber hinaus die Vorgaben der nationalen und internationalen Gesetzgebung sowie der jeweiligen Prüfinstitutionen. Ferner werden die verfügbaren Werkzeuge und Anwendungen sowie zukünftige Systeme und Anforderungen vorgestellt. Die Ausführungen von Kapitel 2 bilden – anhand der jeweils gesetzten Schwerpunkte – die Grundlage für die theoretischen und praktischen Erkenntnisse der folgenden Kapitel.

Da die On- und Off-Board-Diagnose ein breites Feld beschreibt, folgt in Kapitel 3 die Einführung von Betrachtungsweisen zum Gesamtsystem. Deklarationen werden für die Begriffe Analyse, Test und Prüfung eingeführt. Darauf aufbauend folgen die Anforderungen an das Verfahren für die Analyse und den Test aus der jeweiligen Sichtweise.

Der Schwerpunkt der Arbeit spiegelt sich in Kapitel 4, in welchem die methodische Analyse beschrieben wird, sowie in Kapitel 5, in dem der systematische Test beschreiben wird, wider.

Die Analyse (Kapitel 4) stellt den Bezug zu bestehenden Beschreibungs- und Gliede-rungsformen sowie zu Referenzmodellen her. Die Grundlagen des Verfahrens werden be-schrieben. Darauf aufbauende Methoden und Werkzeuge, die die Analyse der Belegung und der Verbindung ermöglichen, werden vorgestellt. Im Anschluss folgen weitere Methoden und Werkzeuge für die Analyse der Kommunikation und des Dateninhalts. Übergreifend werden Inhalte und Ansätze, die die Grundlage für die transparente und reproduzierbare Darstellung beinhalten, beschrieben.

Der in Kapitel 5 vorgestellte systematische Test gliedert sich in vier Teile. Es wird jeweils zwischen normkonform und herstellerspezifisch für die werkzeugseitigen und die fahrzeug-seitigen Umfänge unterschieden. Neben partiellen Steuergerätesimulationen folgen Sequen-zen, die Funktionselemente eines Diagnosewerkzeugs umsetzen. Die erstellten Simulationen basieren auf einer statistisch abgesicherten Auswertung. Darüber hinaus stehen generisch edi-tierbare Simulationen zur Verfügung, die die Umfänge und Anforderungen der gültigen Norm- und Regelwerke, einschließlich der zugehörigen Sonderfunktionen, abdecken. Sowohl für die fahrzeugspezifischen Testumfänge als auch für die werkzeugseitigen Testumfänge wird eine herstellerübergreifend gültige Bewertungsmatrix auf der Basis einer bestehenden FMEA eingeführt, die die Testumfänge begleitet. Zudem werden in Kapitel 5 Ablaufbe-schreibungen vorgestellt. Diese sind für die methodische Analyse, die darauf aufbauende transparente und reproduzierbare Darstellung sowie für den systematischen Test unerlässlich.

Kapitel 6 beschreibt die Umsetzung und Anwendung mit praktischem Nachweis. Die In-halte und Erkenntnisse der vorherigen Kapitel werden mit einem realisierten Prototyp anhand von zwei Beispielen vorgestellt. Die Analyse im Fehlerfall wird als weiteres Anwendungs-spektrum beschrieben. Die beiden praktischen Elemente beschreiben ferner Teile der Analyse und Fehlersuche am Gesamt- oder Teilsystem. Basierend auf der Vorstellung der prototypi-schen Testumgebung werden die Analyse und der Test eines generischen Prüfwerkzeugs be-schrieben. Solche Prüfwerkzeuge werden bei der zukünftigen Abgasuntersuchung eingesetzt. Das zweite Beispiel gibt Aufschluss darüber, wie ein Prüf- und Freigabeprozess zur Abnahme von OBD-Werkzeugen ablaufen kann. Darüber hinaus werden – basierend auf den Erkennt-nissen des Verfahrens – neue Möglichkeiten und Freiheitsgrade am praktischen Beispiel vor-gestellt.

Für die Prüforgane und für die Werkstätten ist eine fehlerfreie und zuverlässige Prüftech-nik unabdingbar. Abläufe und Systeme müssen nicht nur im Fehlerfall transparent dargestellt werden können. Die Reproduzierbarkeit bei der Analyse und dem Test von Diagnosewerk-zeugen muss gewährleistet sein. Die Lebenszeit (Product Lifecycle) von Fahrzeugen umfasst durchschnittlich mehr als zehn Jahre. Aufgrund der damit verbundenen Instandhaltung, Alte-rung sowie weiterer Faktoren unterliegen die verbauten Systeme und Komponenten Verände-rungen, die zum Beispiel Fehlverhalten oder Ausfälle zur Folge haben können.

Das Gesamtsystem und entsprechend auch Teilsysteme von Personenkraftwagen, Nutz-fahrzeugen und Krafträdern können umfänglich methodisch analysiert, transparent dargestellt und systematisch getestet werden. Der gewählte modulare Ansatz und Aufbau ermöglicht den breiten Einsatz im Feld. Die Anwendung sieht hinsichtlich der Integration bedarfsgerechte Erweiterungen mit minimiertem Aufwand vor. Die praktischen Untersuchungen zeigen, dass ein systemischer Ansatz zum Erfolg führt. Das Betrachten einer Komponente allein führt aufgrund der hohen Komplexität, Vernetzung und Wechselwirkung nicht zwingend zum Erfolg.

Die Ergebnisse und Erkenntnisse der Arbeit liegen fundiert vor. Aktuell sind neben diesem Verfahren keine derart gestalteten und umfassenden Werkzeuge und Methoden bekannt. Auf der Grundlage der hier vorliegenden Ergebnisse und Erkenntnisse ist bereits ein Folgeprojekt gemeinsam mit der DEKRA Automobil GmbH in Arbeit. Schwerpunkt hierbei ist die zukünftige Diagnose nach den Vorgaben der World Wide Harmonized On-Board-Diagnose nach ISO 27145 [28]. Im Zusammenhang mit diesen Vorgaben ist eine modulare Erweiterung und Integration vorgesehen [8,133].

Literaturverzeichnis

[1]   Steffelbauer M., Hanser automotive (Hrsg.): *Fahrzeugdiagnose - vom lästigen Übel zum gewollten Muss*; 7/8 2011, 9/2011; In: Hanser automotive Teil 1 und Teil 2; Carl Hanser Verlag GmbH & Co. KG, München; 2011

[2]   Spillner A., Linz T.: *Basiswissen Softwaretest*; 3. Auflage; dpunkt.verlag GmbH, Heidelberg; 2005; ISBN-13: 3898643581

[3]   Braun H. (Hrsg.): *Die Hauptuntersuchung*; 20. Auflage; Verlag Heinrich Vogel; 2008; ISBN-13: 9783574280016

[4]   Kuhlgatz D., Robert Bosch GmbH Historische Kommunikation (Hrsg.): *Bosch Automotive Produktgeschichte im Überblick*; Sonderheft 2; Magazin zur Boschgeschichte; Robert Bosch GmbH (C/CCH)

[5]   Kraftfahrt-Bundesamt (Hrsg.): *Jahresbilanz der Neuzulassungen 2012*; Statistik; 2012; /Neuzulassungen; Stand vom: 10.12.2013

[6]   Pleines T., Kölbl S., DEKRA SE (Hrsg.): *Finanzbericht 2012*; DEKRA e.V. Kommunikation und Marketing, Stuttgart; 2012

[7]   Burkelt A., ATZ Automobiltechnische Zeitschrift (Hrsg.): *Gefährliches Datenleck*; 4/2012 114. Jahrgang; Springer Fachmedien Wiesbaden GmbH, Wiesbaden; 2012; ISSN 0001278510810

[8]   Krützfeldt M. St., Reuss H.-C., Grimm M., Freuer A., Huynh P. L., Bäker B. (Hrsg.), Unger A. (Hrsg.): *Neue Herausforderungen an die Diagnose im Kraftfahrzeug: Elektrifizierung und Harmonisierung*; In: Diagnose in mechatronischen Fahrzeugsystemen VI; expert verlag, Renningen; 2013; ISBN-13: 9783816932215

[9]   FSD Fahrzeugsystemdaten GmbH: *HU-Adapter 21 PLUS*; Infoblatt, Dresden; 2013; www.fsd-web.de; Stand vom: 10.12.2013

[10]   Maichel M.: Diagnose mit Methoden der künstlichen Intelligenz und modellbasierten Ansätzen; Studienarbeit; Universität Stuttgart, IVK, Stuttgart; 2004

[11]   Maurer M., Stiller C. (Hrsg.), Maurer M. (Hrsg.): *Fahrer-Assistenzsysteme*; Springer, Berlin; 2005; ISBN-10: 3540232966

[12]   Zimmermann W., Schmidgall R.: *Bussysteme in der Fahrzeugtechnik*; 4. Auflage;
         Vieweg+Teubner, Wiesbaden; 2011; ISBN 9783834809070

[13]   Gresch P., Wern E., 4. Internationales Stuttgarter Symposium (Hrsg.): *On-/Off-
         board Diagnostic in Network Architecture*; expert verlag, Renningen; 2001; ISBN-
         10: 3816919812

[14]   LLP D. A. (Hrsg.): *Es ist keine Fahrzeug-elektronik-Revolution, es ist Fahrzeug-
         elektronik-Wirklichkeit!*; http://amde.delphi.com/news/featureStories/fs_2010_09_
         08_001.pdf; Stand vom: 13.05.2011

[15]   Seiler C., Sauerzapf S.: *Vision Connected Diagnostics*; Vortrag; In: 4.
         Internationaler eCarTec Kongress für Elektromobilität; GIGATRONIK Stuttgart
         GmbH, München; 2012

[16]   International Organization for Standardization (Hrsg.): *ISO 15031 - Road vehicles -
         Communication between vehicle and external equipment for emissions-related
         diagnostics* Part 3: Diagnostic connector and related electrical circuits, specification
         and use; 2004-07-15

[17]   PCI Diagnosetechnik GmbH & Co. KG (Hrsg.): *MICRO-CAN USB (nur CAN)*,
         Riedenburg; 2014; http://www.vcdspro.de/produkte/hex-micro-can-usb-nur-can/;
         Stand vom: 02.01.2014

[18]   Burgmer M., Weitere, gewerbes GmbH A. (Hrsg.): Abgasuntersuchung - Handbuch
         zur   AU-Schulung   von   verantwortlichen   Personen   und   Fachkräften;
         10. Auflage; Vogel Buchverlag; 2011

[19]   Wallentowitz H. (Hrsg.), Reif K. (Hrsg.): *Handbuch Kraftfahrzeugelektronik*;
         2. Auflage; Vieweg + Teubner Verlag, Wiesbaden; 2011; ISBN-13: 9783834
         807007

[20]   Beitz W. (Hrsg.), Grote K. H. (Hrsg.): *Dubbel*; 20. Auflage; Springer-Verlag,
         Berlin Heidelberg New York; 2001; ISBN-10: 3540677771

[21]   Robert Bosch GmbH (Hrsg.): *CAN FD - CAN with Flexible Data-Rate*; Version
         1.0; Specification, Gerlingen; April 17th, 2012

[22]   Decker P., elektroniknet.de (Hrsg.): *Wege vom klassischen CAN zum verbesserten
         CAN FD*; 4.2013; WEKA FACHMEDIEN GmbH, Stuttgart; 2013

[23]   Etschberger K. (Hrsg.): *Controller-Area-Network*; 3. Auflage; Carl Hanser Verlag;
         2002; ISBN-10: 3446217762

[24]   International Organization for Standardization (Hrsg.): ISO 9141 - Road vehicles - Diagnostic systems - Requirements for interchange of digital information; 1989-10-01

[25]   Society of Automotive Engineers (Hrsg.): *SAE J1850 - Surface Vehicle Standard*; 2006-06

[26]   International Organization for Standardization (Hrsg.): ISO 15765 - Road vehicles - Diagnostics on Controller Area Networks (CAN); 2004-03-15

[27]   Society of Automotive Engineers (Hrsg.): SAE J1939 - SAE Truck and Bus Control & Communications Network Standards Manual; 2007

[28]   International Organization for Standardization (Hrsg.): ISO 27145 - Road vehicles - Implementatin of World Wide Harmonized On-Board Diagnostics (WWH-OBD) communication requirements; 2012-08-15

[29]   Wieland A., Krützfeldt M. St.: *Untersuchung zur Manipulation von vernetzten, elektronischen Kfz-Systemen*; Studienarbeit; Universität Stuttgart, IVK, Stuttgart; Juni 2007

[30]   Menge W., Automobil Elektronik (Hrsg.): *Komfortsteigerung ohne zusätzlichen Energieverbrauch*; August 2011; Hüthig GmbH, Heidelberg; 2011

[31]   Brost M.: *Automatisierte Testfallerzeugung auf Grundlage einer zustandsbasierten Funktionsbeschreibung für Kraftfahrzeugsteuergeräte*; Dissertation; In: Schriftenreihe des Instituts für Verbrennungsmotoren und Kraftfahrwesen der Universität Stuttgart Band 41; 2008; ISBN-13: 9783816929352

[32]   Braess H.-H. (Hrsg.), Seiffert U. (Hrsg.): *Handbuch Kraftfahrzeugtechnik*; 5. Auflage; Vieweg Teubner, Wiesbaden; 2007; ISBN 3834802220

[33]   International Organization for Standardization (Hrsg.): *About ISO*; 2013; http://www.iso.org/iso/home/about.htm; Stand vom: 20.12.2013

[34]   SAE International (Hrsg.): *Über SAE*; 2013; http://de.sae.org/about/; Stand vom: 20.12.2013

[35]   ASAM e. V. (Hrsg.): *About ASAM Standards*; 2013; http://www.asam.net/home/about-asam.html; Stand vom: 21.12.2013

[36]   Gennermann S.: Analytische Betrachtung der Diagnosekommunikation, entsprechender Prüfmittel und deren Methoden; Studienarbeit; Universität Stuttgart, IVK, Stuttgart; 2010

[37]   AUTOSAR development cooperation (Hrsg.): *AUTOSAR Basics / Organization*; 2013; http://www.autosar.org/index.php; Stand vom: 21.12.2013

[38]   Marscholik C., Subke P., Weitere, softing (Hrsg.): *Datenkommunikation im Automobil*; 3. Auflage; Hüthig GmbH & Co. KG, Heidelberg; 2004; ISBN-13: 9783778528877

[39]   Supke J., Elektronik automotive (Hrsg.): *OTX nach ISO 13209*; 08/ 09 2011; WEKA Fachmedien GmbH, Haar; 2011

[40]   Westbomke K., Duncker & Humbold , Schriften zum Öffentlichen Recht (Hrsg.): *Der Anspruch auf Erlass von Rechtsverordnungen und Satzungen*; Band 302, Berlin; 2013

[41]   Braun H.: *§29, AU und Wichtiges aus der StVZO*; 17. Auflage; Verlag Heinrich Vogel GmbH; 2002; Stand vom: ISBN-10: 3574280017

[42]   GG (Hrsg.): *Grundgesetz*; 41. Auflage; Deutscher Taschenbuchverlag GmbH & Co. KG; 2007; ISBN-13: 9783423050036

[43]   Braun H. (Hrsg.): *Die Hauptuntersuchung*; 21. Auflage; Verlag Heinrich Vogel; 2012; ISBN-13: 9783574280016

[44]   Burma E.: Abschätzung und Bewertung zum diagnostischen Test herstellerspezifischer Funktionsumfänge im Rahmen der Hauptuntersuchung; Studienarbeit; Universität Stuttgart, IVK, Stuttgart; 2012

[45]   Unites Nations Economic Commission for Europe (UNECE) (Hrsg.): *Addendum - ECE/TRANS/WP.29/.*; 2013; http://www.unece.org/trans/main/wp29; Stand vom: 28.12.2013

[46]   DEKRA Automobil GmbH (Hrsg.): Änderung der Vorschriften zum §29 StVZO (47. Änd-VO) - Novellierung der periodischen Fahrzeugüberwachung; Broschüre; 2012; Nr. 82090/AN13-05.12

[47]   Service Ausrüstungen e. V. (Hrsg.): Die Endrohrprüfung ist unerlässlich - Grenzen der OBD und Lösungen für eine effektive Diesel-AU; Presseinformation, Ditzingen; 2010

[48]   Unter-Arbeitsgruppe „AU-Geräteleitfaden" der AG „§§29 und47a StVZO" des BMVBS (Hrsg.): *Leitfaden zur Begutachtung der Bedienerführung von AU-Abgasmessgeräten*; Version 4; Leitfaden; 2008

[49]   kfz-betrieb-Spezial (Hrsg.): *Diagnosegeräte - der große DEKRA-Test 2009*; Vogel Business Media GmbH & Co. KG, Würzburg; 2009

[50]   kfz-betrieb-Spezial (Hrsg.): *Diagnosegeräte - der große DEKRA-Test 2006*; Vogel Auto Medien GmbH & Co. KG, Würzburg; 2006

[51]   kfz-betrieb-Spezial (Hrsg.): *Diagnosegeräte - der große DEKRA-Test 2012*; Vogel Auto Medien GmbH & Co. KG, Würzburg; 2012

[52]   Freudenberger M.: *Recherche zur OBD im FKZ Funktionsumfänge auf Basis frei erhältlicher Tools*; Studienarbeit; Universität Stuttgart, IVK, Stuttgart; 2011

[53]   Du W.: Erweiterung und Entwicklung von Softwareanwendungen auf Basis einer Literaturrecherche zu herstellerspezifischen Diagnosefunktion; Studienarbeit; Universität Stuttgart, IVK, Stuttgart; 2011

[54]   Gurskij W. (Hrsg.): *OBD-2.net - Das Fahrzeugdiagnose Informationsportal*; 2014; http://www.obd-2.de/; Stand vom: 02.01.2014

[55]   Schäffer F. (Hrsg.): *OBD-2 Adapter zur Fahrzeugdiagnose*, Neuruppin; 2014; http://www.blafusel.de/obd/obd2_start.html; Stand vom: 03.01.2014

[56]   Palmer Performance Engineering, iTunes Store (Hrsg.): *DashCommand - OBD-II gauge   dashboards,   scan   tool,   and   vehicle   diagnostics*;   2014; https://itunes.apple.com/de/app/dashcommand-obd-ii-gauge-dashboards/id3212931 83?mt=8; Stand vom: 02.01.2014

[57]   Chumakov O., iTunes Store (Hrsg.): *OBDII Trouble Codes*; 2014; https://itunes. apple.com/de/app/obdii-trouble-codes/id688892117?mt=8; Stand vom: 03.01.2014

[58]   KICKSTARTER - OBD Solutions (Hrsg.): *OBDLink MX WiFi: A Wireless Gateway   to   Vehicle   OBD   Networks*;   2014;   https://www.kickstarter.com/ projects/obdsol/; Stand vom: 19.02.2014

[59]   Grimm M.: *Verfahren zur Feststellung der Sicherheit von vernetzten, elektronischen Systemen im Kraftfahrzeug*; Band 33; Dissertation; In: Schriftenreihe des Instituts für Verbrennungsmotoren und Kraftfahrzeugwesen der Universität Stuttgart; expert verlag, Renningen; 2007; ISBN-13: 9783816927976

[60]   Pfitzer J.: Recherche zur Diagnosekommunikation im Kraftfahrzeug - Anforderungen, Stand der Technik, Schwachstellen und zukünftige Systeme; Studienarbeit; Universität Stuttgart, IVK, Stuttgart; 2011

[61]   Linzing R., amz - auto motor zubehör (Hrsg.): *Nahe am Original*; 6. Ausgabe; 2009; 68237 ISSN 0001-1983

[62]   Schneider H., de Biasi R., Bönninger J., FSD Fahrzeugsystemdaten GmbH (Hrsg.):
         Die FSD Fahrzeugsystemdaten GmbH stellt sich vor, Dresden; 2014;
         http://www.fsd-web.de/index.php/de/ueber-die-fsd; Stand vom: 03.01.2014

[63]   Bönninger J., Fahrzeugsystemdaten GmbH (Hrsg.): *Wissen zur Hauptuntersuchung
         des 21. Jahrhunderts*, Dresden; 2014; http://www.hu-wissen21.de/; Stand vom:
         03.01.2014

[64]   Bönninger J., Fahrzeugsystemdaten GmbH (Hrsg.): *Die Weiterentwicklung der
         modernen Fahrzeugüberwachung ab 2012*; In: SVT 2012 - 5. Sachverständigentag;
         2012

[65]   FSD - Fahrzeugsystemdaten GmbH (Hrsg.): *HU-Adapter 21 PLUS - Wege zur
         modernen Fahrzeugüberwachung*; Broschüre, Dresden; 2014

[66]   United Nations Economic Commission for Europe and Executive Committee
         (Hrsg.): *Global technical regulation No. 5 - TECHNICAL REQUIREMENTS FOR
         ON-BOARD DIAGNOSTIC SYSTEMS (OBD)*; ECE/ TRANS/180/Add.5; 23.
         January 2007; http://www.unece.org/trans/main/wp29/wp29wgs/wp29gen/wp29
         registry/gtr5.html; Stand vom: 05.01.2014

[67]   SAE International (Hrsg.): SAE J1939 - SEA Truck and Bus Control &
         Communications Network Standards Manual SAE HS-1939, USA; 2007; ISBN-13:
         9780768019308

[68]   Becker G.: *Steuergerätekommunikation auf Basis der SAE J1939*; Studienarbeit;
         Universität Stuttgart, IVK, Stuttgart; 2009

[69]   Neu M.: OBD auf Basis der SAE J1939 Grundlagen, Ablauf und Anforderungen im
         Vergleich zur ISO 15031; Studienarbeit; Universität Stuttgart, IVK, Stuttgart; 2011

[70]   International Organization for Standardization (Hrsg.): *ISO 14229 - Road vehicles -
         Unified diagnostic services (UDS)*; 2006-12-01

[71]   Frank H., Elektronik A. (Hrsg.): *Diagnosewerkzeuge für WWH-OBD*; 4/2012;
         Hüthig, Heidelberg; 2012

[72]   Huber R.: *WWH-OBD nach ISO/DIS 27145*; Studienarbeit; Universität Stuttgart,
         IVK, Stuttgart; 2012

[73]   International Organization for Standardization (Hrsg.): ISO 13400 - Road vehicles -
         Diagnostic communication over Internet Protocol (DoIP); 2011-10-18

[74]   Pelzl J., Wolf M., Wollinger T., Burton S., ETAS Entwicklungs- und
        Applikationswerkzeuge für elektronische Systeme GmbH (Hrsg.): *Das vernetzte
        Fahrzeug als Gefahrenpotential*; In: RealTimes, Stuttgart; 2012

[75]   Lindberg J.: *Security Analysis of Vehicle Diagnostics using DoIP*; Master of
        Science Thesis in the Programme Networks and Distributed Systems; Chalmers
        University of Technology, University of Gothenburg, Göteborg, Sweden; 2011

[76]   Bretting R., Ortlepp D. (Hrsg.): *Digitale Achillesferse*; 04/2012; In: automotive IT;
        Media-Manufaktur GmbH, Pattensen; 2012

[77]   Zinner H., Noebauer J., automotive (Hrsg.): *Implementation of an Gateway
        maintaining QoS*; 12/2011; In: automotive networks & software architectures;
        Hanser; 2011

[78]   Lechner G. (Hrsg.), Naunheimer H. (Hrsg.), Bertsche B. (Hrsg.), Ryborz J. (Hrsg.),
        Novak W. (Hrsg.): *Fahrzeuggetriebe*; 2. Auflage; Springer-Verlag Berlin
        Heidelberg, Heidelberg; 2007; ISBN-13: 9783540306252

[79]   Reiff K. (Hrsg.), Noreikat K. E. (Hrsg.), Borgeest K. (Hrsg.): *Kraftfahrzeug-
        Hybridantriebe*; 1. Auflage; Springer Vieweg, Wiesbaden; 2012; ISBN-13:
        9783834807229

[80]   International Organization for Standardization (Hrsg.): *ISO 15118 - Road vehicles -
        Vehicle to grid communication interface* Part 1: General information and usecase
        definition; 2013-04-16

[81]   Vector Informatik GmbH (Hrsg.): *Lösungen für Elektromobilität*, Stuttgart; 2014;
        http://vector.com/vi_electric_vehicles_de.html; Stand vom: 04.03.2014

[82]   DEKRA Academy (Hrsg.): Fachkunde für Arbeiten an HV-Systemen in
        Entwicklung und Fertigung; Schulungsunterlagen, Stuttgart; 2013

[83]   Kless A., Hanser automotive (Hrsg.): *Neue Bus-Schnittstellen für die Elektro-/
        Hybrid-Fahrzeugentwicklung*; Mai/April 2011; Carl Hanser Verlag GmbH & Co.
        KG, München; 2011

[84]   Stöhr G., Huppert M., Brabetz L., Ayeb M., Azimpoor R., Dräger F., Flach A.,
        Krömker H., Falke S.: *PräDEM - Forschung für eine prädikative Diagnose von
        elektrischen Maschinen in Fahrzeugantrieben*; Abschlussbericht, Förderkenn-
        zeichen 19U9032; 01.10.2009 bis 30.09.2011

[85]   Krützfeldt M. St., Reuss H.-C., Grimm M., Dohmke S., Mäurer H. J., Ost T., Bäker
       B. (Hrsg.), Unger A. (Hrsg.): Methodische Analyse und Test der Fahrzeugdiagnose
       mittels universellem Schnittstellentester am Beispiel der Validation von AU-
       Prüfgeräten; In: Diagnose in mechatronischen Fahrzeugsystemen IV; expert verlag,
       Renningen; 2011; ISBN-13: 9783816930686

[86]   Springer Gabler Verlag (Hrsg.): *Gabler Wirtschaftslexikon, Stichwort: Testen*;
       Version 8; 2014; http://wirtschaftslexikon.gabler.de/Archiv/16891/ testen-v8.html;
       Stand vom: 16.01.2014

[87]   Romanek T., Universität Dortmund (Hrsg.): *Test und Diagnose*; Projektgruppe
       AutoLab, Unna; WS 07/08

[88]   Lüke S.: *Dezentraler Diagnoseansatz für dynamische und mechatronische Systeme*;
       Dissertation; Shaker Verlag, Aachen; 2004; ISBN-13: 9783832231514

[89]   Liggesmeyer P.: *Software-Qualität*; 2. Auflage; Spektrum Akademischer Verlag
       Heidelberg 2009, Heidelberg; 2009; ISBN-13: 9783827420565

[90]   Deutsches Institut für Normung (Hrsg.): *DIN 1319 - Grundlagen der Meßtechnik*
       Teil 1: Grundbegriffe; 1995-01

[91]   Krützfeldt M. St., Reuss H.-C., Dohmke S., Maurer W. (Hrsg.), Bödi R. (Hrsg.):
       *Steuergerätesimulation von EOBD-Umfängen als wesentlicher Bestandteil eines
       Prüf- und Freigabeprozesses*; In: ASIM 2011 - 21. Symposium Simulationstechnik
       Grundlagen, Methoden und Anwendungen in Modellbildung und Simulation; Pabst
       Science Publishers, Lengerich; 2011; ISBN-13: 9783899677331

[92]   samtec automotive software & electronics GmbH (Hrsg.): HSX Interface -
       Modulares   Hochleistungs-Interface   (VCI)   mit   PowerPC-Core   für   die
       rechnergestütze Kommunikation mit Steuergeräten; samDia 3.2.2.0; Datenblatt,
       Filderstadt; 2014

[93]   samtec automotive software & electronics GmbH (Hrsg.): samDia - Universelles
       Entwicklungstool für die On- und Offboard-Kommunikation mit Steuergeräten;
       Datenblatt, Filderstadt; 2014

[94]   Krützfeldt M. St., FKFS (Hrsg.): *Nutzung der Fahrzeugschnittstelle und andere
       neue Methoden im Rahmen der HU*; Internes Dokument; Projektbericht -
       Projektphase II, Stuttgart; 2011

[95]   Schenk J.: Prüfplattform für mechatronisch ausgestattete Fahrzeuge in Entwicklung
       und Produktion; Dissertation, Weinstadt; 2007

[96] Schäuffele J., Zurawka T.: *Automotive Software Engineering*; 3. Auflage; Friedr. Vieweg & Sohn Verlag, Wiesbaden; 2006; ISBN-10: 3834800511

[97] Krützfeldt M. St., Reuss H.-C., Mäurer H.-J., Dohmke S.: *Systematischer Test von Off-Board-Diagnoseumfängen im Feld auf Basis der methodischen Analyse*; In: 4. AutoTest - Test von Hard- und Software in der Automobilentwicklung; Forschungsinstitut für Kraftfahrwesen und Fahrzeugmotoren Stuttgart FKFS, Stuttgart; 2012

[98] Krützfeldt M. St., FKFS: *Nutzung der Fahrzeugschnittstelle und andere neue Methoden im Rahmen der HU*; Internes Dokument; Projektbericht - Projektphase III, Stuttgart; 2012

[99] Freescale Semiconductor (Hrsg.): *MPC565 Reference Manual*; REV 2.2; 11/2005

[100] Naß M.: Implementierung von Mess- / Filterfunktionen zur Analyse der Diagnosekommunikation (Hard- und Software); Studienarbeit; Universität Stuttgart, IVK, Stuttgart; 2010

[101] Krützfeldt M. St., FKFS: *Nutzung der Fahrzeugschnittstelle und andere neue Methoden im Rahmen der HU*; Internes Dokument; Projektbericht - Projektphase I, Stuttgart; 2010

[102] Brost M.: Automatisierte Testfallerzeugung auf Grundlage einer zustandsbasierten Funktionsbeschreibung für Kraftfahrzeugsteuergeräte; Band 41; Dissertation; expert verlag GmbH, Renningen; 2009; ISBN-13: 9783816929352

[103] Heinz A.: Erstellung einer intelligenten Breakout-Box zur Einbindung in ein Testsystem; Diplomarbeit; Universität Stuttgart, IVK, Stuttgart; 2009

[104] International Organization for Standardization (Hrsg.): *ISO 11898 - Road vehicles - Controller area network (CAN)* Part 2: High-speed medium access unit; 2003

[105] International Organization for Standardization (Hrsg.): *ISO 9241 - Ergonomics of humansystem interaction* Part 210: Human-centred design for interactive systems; 2010

[106] Heigl M.: Realisierung einer GUI zur Visualisierung und Steuerung einer Diagnoseschnittstelle; Studienarbeit; Universität Stuttgart, IVK, Stuttgart; 2010

[107] Hickman G., Svensson J., ETAS GmbH (Hrsg.): *INCA and BUS MASTER Support Kvaser Hardware*, Stuttgart; 2014

[108]   Softing Automotive Electronics GmbH (Hrsg.): CanEasy - Die Windowsbasierte automatisch konfigurierte Simulation-, Analyse- und Testumgebung für die Steuergeräteentwicklung; CanEasy2013-10-07 DE, Haar; 2014

[109]   Vector Informatik GmbH (Hrsg.): *Produktinformation CANoe*; Gültig für CANoe ab Version 8.0, Stuttgart; 2014

[110]   Semantis Information Builders GmbH (Hrsg.): Advances Adaptive Diagnosis with the Knowledge Based Raptor Diagnostic Suite, Oberursel; 2014

[111]   Xu S.: Auswertung und Analyse von Bus- und Diagnosedaten (CAN und K-Line) mittels VBA in Verbindung mit Excel; Studienarbeit; Universität Stuttgart, IVK, Stuttgart; 2012

[112]   Beck F.: Anwendungen zur fahrzeugspezifischen Analyse der Diagnosekommunikation; Studienarbeit; Universität Stuttgart, IVK, Stuttgart; 2010

[113]   Hecht D.: Abgasuntersuchung am modernen KFZ – Nachbilden der „normgerechten Kommunikation" von Fahrzeugen; Studienarbeit; Universität Stuttgart, IVK, Stuttgart; 2011

[114]   Pichler J.: Kommunikationsanalyse, Test & Simulation von herstellerspezifischen Diagnosefunktionen; Studienarbeit; Universität Stuttgart, IVK, Stuttgart; 2011

[115]   sontheim Industrie Elektronik GmbH (Hrsg.): CANexplorer 4 - Modulbasierte und effiziente Feldbusanalyse, Kempten; 2014

[116]   Christ M.: Entwurf, Entwicklung und Verifikation eines universellen Diagnosetesters mittels LabView; Diplomarbeit; Universität Stuttgart, Stuttgart; 2011

[117]   Laubenberger S.: *Diagnosekommunikation zwischen KFZ und AU-Tools Funktionen und Anwendungen*; Studienarbeit; Universität Stuttgart, IVK, Stuttgart; 2011

[118]   Barclays Official California Code of Regulations (Hrsg.): §1968.2. Malfunction and Diagnostic System Requirements - 2004 and Subsequent Model-Year Passenger Cars, Light-Duty Trucks, and Medium-Duty Vehicles and Engines, Sacramento, Calofornia; Last corrected 9/25/2013; www.oal.ca.gov; Stand vom: 02.01.2014

[119]   International Organization for Standardization (Hrsg.): ISO 14230 - Road vehicles - Diagnostic systems - Key Word Protocol 2000; 1999-03-15

[120]   Bearbeiter: em, samtec automotive software & electronics gmbh (Hrsg.): *OBD2 Simulator*; Version V1.1, Filderstadt; 17.12.2009

[121]   *OBD SIMULATOR: DIAMEX OBD Simulator*; DIAMEX; 2014; http://www. reichelt.de; Stand vom: 09.04.2014

[122]   Sosnowski D., Gardetto E., United States Environmental Protection Agency (Hrsg.): *Performing Onboard Diagnostic System Checks as Part of a Vehicle Inspection and Maintenance Program*; EPA420-R-01-015; June 2001

[123]   Braitschnik P.: *Diagnose als integraler Bestandteil der Funktion - Methodiken für Softwaresysteme um Kraftfahrzeug*; Band 29; Dissertation; In: Schriftenreihe des Instituts für Verbrennungsmotoren und Kraftfahrzeugwesen der Universität Stuttgart; expert verlag, Renningen; 2007; ISBN-13: 9783816926917

[124]   Dohmke S., Forschungsinstitut für Kraftfahrwesen und Fahrzeugmotoren Stuttgart (Hrsg.): *Bewertung des sicherheitstechnischen Zustandes elektronischer Systeme im Kraftfahrzeug*; Projektphase III; Projektbericht - Internes Dokument, Stuttgart; 2008

[125]   National Instruments Corporation (Hrsg.): *LabVIEW - User Manual*; 2003; Part Number 320999E-01

[126]   Dworschak P.: Prüfung neuer mechatronischer Systeme mittels des diagnostischen Tests im Rahmen der HU; Bachelorarbeit; Universität Stuttgart, IVK, Stuttgart; 2012

[127]   Meier T.: Prüfung neuer mechatronischer Systeme mittels des diagnostischen Tests im Rahmen der HU; Bachelorarbeit; Universität Stuttgart, IVK, Stuttgart; 2012

[128]   Geyer M.: Analytische Betrachtung und Aufbereitung herstellerspezifischer Diagnosedienste und -funktionen von Fahrzeugen im Feld; Studienarbeit; Universität Stuttgart, IVK, Stuttgart; 2012

[129]   Lehrer S.: Literaturrecherche zu diagnostischen Tools, neuen Konzepten und zugehörigen Fragestellungen; Studienarbeit; Universität Stuttgart, IVK, Stuttgart; 2012

[130]   Krützfeldt M. St., Forschungsinstitut für Kraftfahrwesen und Fahrzeugmotoren Stuttgart (Hrsg.): *Analyse Verbauprüfung HUA, Opel Astra, VW Passat, Opel Insignia, Scania R420*; Internes Dokument; Ergänzung zu Projektphase III, Stuttgart; 2012

[131]   Scheifele S.: Abschätzung und Bewertung zum diagnostischen Test herstellerspezifischer Funktionsumfänge; Studienarbeit; Universität Stuttgart, IVK, Stuttgart; 2012

[132]   asp autoservicepraxis.de (Hrsg.): *Diagnose & Leistungsprüfung - Abgastester/AU-Geräte*; Springer Fachmedien München GmbH, München; http://www.auto servicepraxis.de/abgastester-au-geraete-510813.html?skip; Stand vom: 13.03.2014

[133]   Heinz A., Krützfeldt M. St., Reuss H.-C., Grimm M., Mäurer H.-J., Ost T., Bäker B. (Hrsg.), Unger A. (Hrsg.): *Validierung von Diagnosewerkzeugen in Bezug auf die gesetzliche Abgasuntersuchung nach dem Standard ISO 27145 (WWH-OBD)*; In: Diagnose in mechatronischen Fahrzeugsystemen VIII; TUDpress, Dresden; 2014

[134]   Isermann R. (Hrsg.): *Fahrdynamik-Regelung*; 1. Auflage; Vieweg Verlag; September 2006; ISBN-10 3-8348-0109-7

[135]   Lunze J.: *Regelungstechnik 2*; 4. neu bearb. Aufl.; Springer-Verlag GmbH, Heidelberg; 2006; ISBN-13: 9783540325116

[136]   Bähring H.: *Mikrorechner Technik - Band 1 Mikroprozessoren und Digitale Signalprozessoren*; 3. Auflage; Springer-Verlag Berlin Heidelberg New York, Heidelberg; 2002; ISBN-10: 3-540-41648-X

Anhang - Tabellen

Darstellung der Datenbank mit in Microsoft Excel erweiterter Multifunktionsleiste und in VBA erstellten Eingabemasken für CAN-Nachrichten und Botschaften am Beispiel der Öltemperatur. Im unteren Bild ist die Oberfläche zum Eintragen einer neuen Nachricht dargestellt. Siehe auch [98,114]:

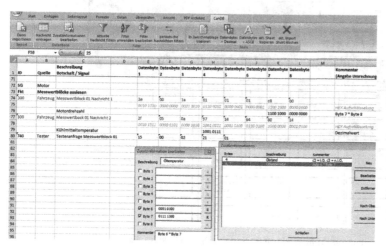

Bild A.1: Datenbank - erweiterte Multifunktionsleiste und VBA-Skripte

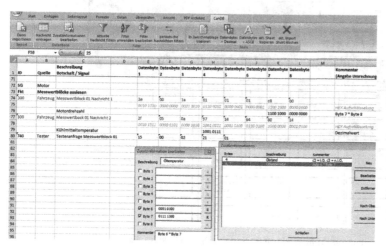

Bild A.2: Datenbank - Oberfläche zum Eintragen einer neuen CAN-Nachricht

Die obere Tabelle zeigt die grafische Darstellung der zur Prüfung relevanten tabellarisch hinterlegten Systeme, involvierten Steuergeräte und zugehörigen Funktionen am Beispiel einer C-Klasse (Typ W204, Daimler AG). Die untere Tabelle beschreibt die Steuergerätebezeichnung und gibt Aufschluss über weitere Informationen:

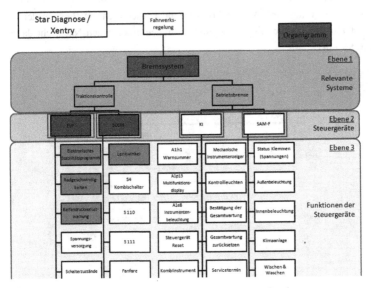

Bild A.3: Darstellung zur Prüfung relevanter Systeme, SG und Fkt. in Excel

W204 - Steuergeräte

Steuergerät	Beschreibung	Xentry-Kürzel	ID	Request
BSN	Batteriesensor	B95	4df	6fb
DBE	Dachbedieneinheit	N70	4dc	6e3
ESP	Elektronisches Stabilitätsprogramm	N30/4	486	632
EZS	Elektrisches Zündschloss	N73	482	612
KI	Kombiinstrument	A1	481	60a
LDS	Schalter "Außenbeleuchtung"	S1	4de	6f3
SAM-F	Signalerfass- und Ansteuermodul Front	N10/1	4de	6f3
SAM-H	Signalerfass- und Ansteuermodul Heck	N10/2	4df	6fb
SCCM	Mantelrohrmodul	N80	484	622
SRS	Supplemental Restraint System	N2/10	489	64a
TSG-HL	Türsteuergerät Hinten_Links	N69/3	4e2	713
TSG-HR	Türsteuergerät Hinten_Rechts	N69/4	4e3	71b
TSG-VL	Türsteuergerät Vorne_Links	N69/1	4e0	703
TSG-VR	Türsteuergerät Vorne_Rechts	N69/2	4e1	70b
...	...	...	...	...

Bild A.4: Darstellung der Steuergerätebezeichnung und weiterer Informationen

Anhang - Verweise

Auszug aus dem Lastenheft zur Realisierung einer Analyse- und Testumgebung, unterteilt in Themenblöcke: Vergleiche [101]:

Allgemein:

- Analyse der Schnittstelle/Schnittstellenbelegung/Analyse der physikalischen Schichten (Belegung der Fahrzeugschnittstelle etc.)

- Zugang zu dem zu untersuchenden System schaffen

- Darstellen/Umsetzen von Transportprotokollen (CAN HS, CAN SW, K-Line etc.)

- Laufende Diagnosen dokumentieren, Diagnosesitzungen analysieren, Diagnoseschnittstelle stimulieren

- [...]

- Schaltpläne entwerfen und auslegen

- Ansteuerung der Relais umsetzen

- Kommunikation zwischen Laptop und Evaluation-Board umsetzen

- Schnittstelle zwischen Benutzeroberfläche und Phytec-Board erstellen

- [...]

- Definition eines Formats und Aufbaus für eine Datenbank

- Umsetzen der Anbindung und Funktionen

- [...]

Hardware:

[...] Das Gerät muss in der Lage sein, alle genannten Funktionen sowohl für ISO 9141 Verbindungen, als auch für alle gängigen, physikalischen CAN Diagnoseschichten (eindraht/zweidraht, frei konfigurierbare Busrate) auszuführen. Es soll zum Einsatz im Fahrzeug, insbesondere auch zum Fahrversuch, geeignet sein. Die Stromversorgung wird über eine externe 12V Stromversorgung sichergestellt, die den Tester und die angeschlossenen Geräte über die ISO 15031 Steckverbindungen mit Strom versorgt. [...]

- Gehäuse, Integration, Relaisanordnung

- Versorgung der Komponenten beziehungsweise des Systems

- Komponenten wählen und Platzierung aufeinander abstimmen

■ Betriebssichere Auslegung gewährleisten (Bsp. Masse-/Signalleitungen etc.)

Das Gesamtgerät besteht daher mindestens aus folgenden Teilen:

■ [...]

■ Mikrocontroller mit I/O Ports, PC Interface (USB)

■ K-Line Anbindung, CAN Anbindung, Multiplexer

■ [...]

Anforderungen an den Systemaufbau:

■ Adaption an die fahrzeugseitige Schnittstelle

■ Trennen von Fahrzeug und Tester, Gateway-Funktionalität

■ Visualisieren der Kommunikation, Teilnehmen an der Kommunikation

■ [...]

Software

■ Ansteuerung der Relais mittels eines Phytec-Boards umsetzen
  (Kommunikation (TCP/IP) implementieren, Benutzeroberfläche erstellen, Schnittstelle zur
  „Datenbank" definieren etc.)

■ Replayfunktion: Die mitgeschnittenen Kommunikationsdaten werden unverändert oder
  angepasst wieder abgespielt. Dabei sollen die Parameter Sende-/Empfangsrichtung, Zykluszeit (slow motion), Einzelbotschaft, Filter, Trigger auf ID etc. einstellbar sein.

■ Simulator: Ein Kommunikationsteilnehmer (Tester oder Steuergerät) wird durch den
  Schnittstellentester substituiert und das Kommunikationsverhalten des anderen Teilnehmers mit den oben genannten Funktionen untersucht. In einem einfachen Skripteditoren
  können Änderungen und Anpassungen vorgenommen werden

■ Regeln für die Kommunikation können eingegeben werden (Zykluszeit, ID, Daten, Rx-
  Trigger).

■ „dbc-Import": Bei Vorliegen einer Datenbank im dbc-Format (Vector Informatik) kann
  diese importiert werden und die Daten dem Anwender in Klartext ausgegeben werden. Alternativ wird ein eigenes Datenbankformat entwickelt, das die Klartextdarstellung ermöglicht.

■ Kompatibilität: Der Schnittstellentester kann im Zusammenwirken mit weiteren Entwicklungsumgebungen eingesetzt werden. Ein schonender Ressourcenverbrauch (Prozessor-
  last, Arbeitsspeicher etc.) wird bei der Entwicklung berücksichtigt.

■ [...]

Anhang - Visualisierungen

Darstellung des Aufbaus der werkzeugseitigen Schnittstelle nach Vorgaben der Norm ISO 15031 - Teil 3, aus [16]:

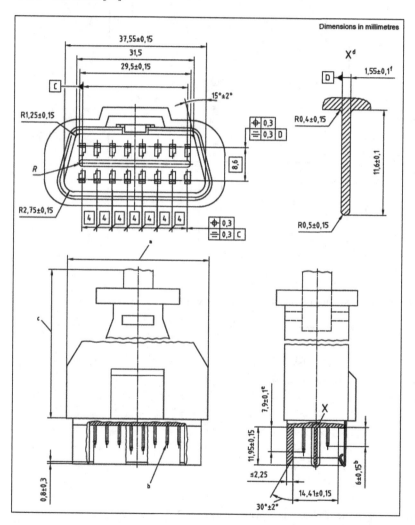

Bild A.5: Werkzeugseitige Schnittstelle nach Vorgaben der Norm ISO 15031

Darstellung der Schaltpläne zur Veranschaulichung des Signal-Routings des Gesamtsystems Fahrzeug und Diagnosewerkzeug mit Schnittstelle zum Analyse-/Test-Interface:

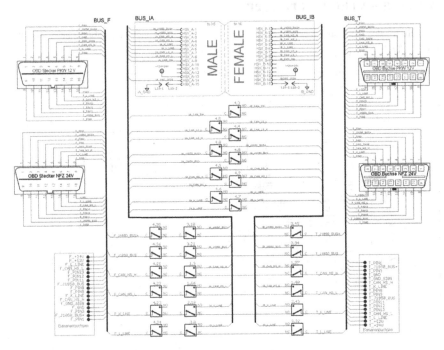

Bild A.6: Auszug des Schaltplans zum Signal-Routing 1 von 2

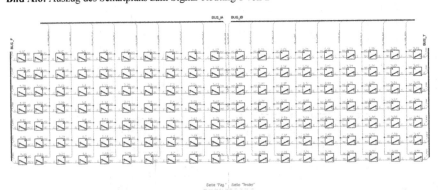

Bild A.7: Auszug des Schaltplans zum Signal-Routing 2 von 2

Darstellung des Schaltplans der Erweiterungsplatine (ergänzend zum Phytec-Evaluationsboard) zur Realisierung der hardwareseitigen Funktionen des Oszilloskops. Siehe auch [100]:

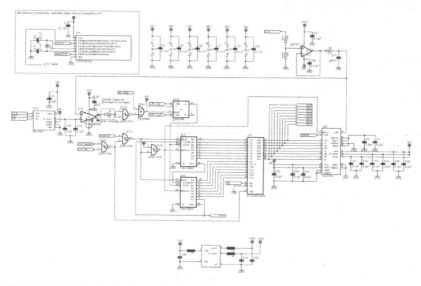

Bild A.8: Schaltplan für hardwareseitige Funktionen des Oszilloskops

Umgesetzte Platine, die über die Phytec-Erweiterungsplatine mit dem Phytec-Evaluationsboard verbunden ist:

Bild A.9: Anbindung der Erweiterungsplatine an das Phytec-Evaluationboard

Darstellung eines Testprotokolls mit zugehörigen Rahmenbedingungen: Vorgabe für „passed" ist eine Batteriespannung zwischen 11-13 Volt, die vom Fahrzeug mittels Diagnose ausgelesen wird. Siehe auch [112]:

Testprotokoll

Ausführung:

System:	Schnittstellentester, Univ.-SST	
Bearbeiter:	OBDTester MSK	
Testdatum:	22.02.2014	
Uhrzeit:	14 : 16	

Hardwarekonfiguration:

Datenbank:	C:\...\MSK\OBDTester\Desktop\Datenbank_2013.bob
Konfiguration:	CAN_HS__CAN_SW
Ordnerstruktur:	[Fahrzeugtyp, PKW, Opel, Vectra, Caravan_Bj05]
Beschreibung:	
Visualisierung:	

Zusammenfassung der Testergebnisse:

Geprüfte Testfälle:	1
PASSED	1
FAILED	0
ERROR	0

Testsequenz: Batterietest

Test 0001: Batteriespannung

PASSED

Ausgabe der Batteriespannung, passed wenn innerhalb der Grenze: 11 -13 V.
Ausgabe des Werts vom Fzg.

Istwert: 12,133

Bild A.10: Testprotokoll mit zugehörigen Rahmenbedingungen

Darstellung und Aufbau der Anfrage (Request) und Antwort (Response) bei der Kommunikation zwischen Fahrzeug und Diagnosewerkzeug. Die Inhalte der Statusnachricht, die zugleich als Idle die Kommunikation aufrechterhält, sind als PID $01 (als Dienst von SID $01) nach ISO 15031 definiert. Vergleiche [91]:

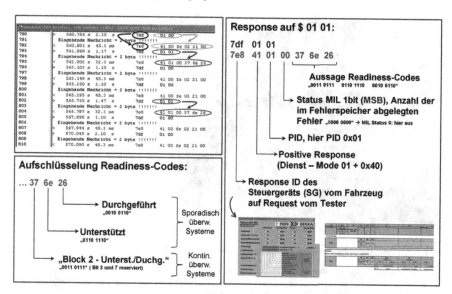

Bild A.11: Aufschlüsselung PID $01 (SID $01) nach ISO 15031

In [113] und [117] werden eine Reihe an weiteren Diensten dargestellt und beschrieben. Die Darstellung (tabellarisch, PAPs etc.) und Aufschlüsselung ist im Rahmen dieser Arbeit erfolgt, jedoch nicht in diesem Format darstellbar.

Dargestellt ist die Testumgebung mit Schnittstelle zum Anwender. Im unteren Bereich und auf der folgenden Seite sind auszugsweise die Anwenderoberflächen zum Editieren von Inhalten von Mode $01, der Response-Time, der Readiness-Codes (RDC) und der Diagnostic-Trouble-Codes (DTC) dargestellt. Aus [91,94,117]:

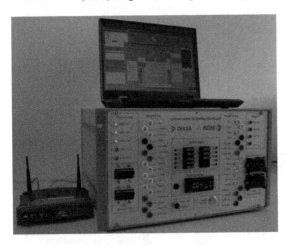

Bild A.12: Prototypische Testumgebung mit Anwenderschnittstelle

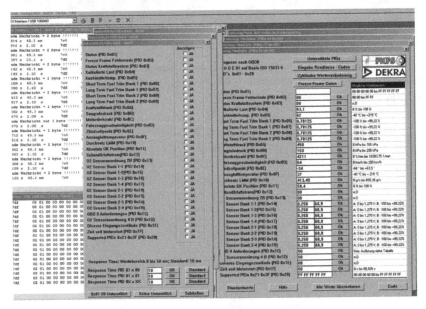

Bild A.13: Eingabeoberfläche zum Editieren der Werte von SID $01

Bild A.14: Eingabeoberfläche zum Editieren der Readiness-Codes (SID $01)

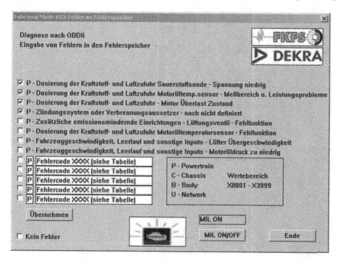

Bild A.15: Eingabeoberfläche zum Editieren des Fehlerspeichers (SID $03)

Auszug einer Ablaufbeschreibung für einen Prüf- und Freigabeprozess von Diagnose-werkzeugen. Im unteren Bereich ist exemplarisch am Beispiel des Testschritts Lambda-Sondenprüfung die zugehörige editierbare Anwenderoberfläche dargestellt, nach [91,94,117]:

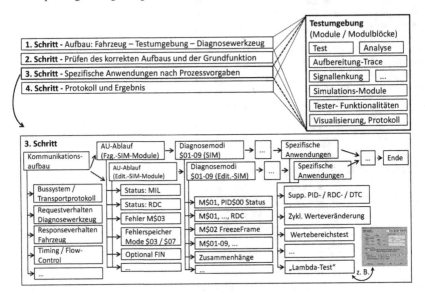

Bild A.16: Auszug einer Ablaufbeschreibung (Prüf- und Freigabeprozess)

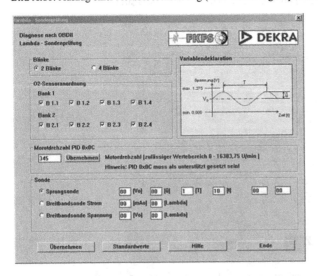

Bild A.17: Eingabeoberfläche zum Test von Lambda-Sonden-Konfigurationen